CHAIR ET MÉTAL
d'Ollivier Dyens
est le six cent cinquantième ouvrage
publié chez VLB ÉDITEUR
et le premier de la collection « Gestations »
dirigée par Alain Borgognon.

Collection « GESTATIONS »

Nous vivons une époque transitoire où les formidables avancées scientifiques et technologiques orientent l'avenir de notre espèce. L'être humain transforme, sculpte, modifie ce qui l'entoure, et s'éprouve lui-même. À quels défis éthiques ce monde en devenir, orchestré par la machine et le cerveau humain, devra-t-il répondre ? Sera-t-il adapté à nos valeurs et à nos besoins ? En définitive, de quel homme conçu dans les éprouvettes de la science le XXIe siècle va-t-il accoucher ?
À partir des découvertes et des réflexions de penseurs de notre temps, la collection « Gestations » explore les sentiers qui mènent à ce nouveau monde.

VLB éditeur bénéficie du soutien de la Société de développement des entreprises culturelles du Québec (SODEC) pour son programme d'édition.

Nous reconnaissons l'aide financière du gouvernement du Canada par l'entremise du Programme d'aide au développement de l'industrie de l'édition (PADIÉ) pour nos activités d'édition.

Nous remercions le Conseil des Arts du Canada de l'aide accordée à notre programme de publication.

CHAIR ET MÉTAL

OLLIVIER DYENS

Chair et métal

Essai

vlb éditeur

VLB ÉDITEUR
Une division du groupe Ville-Marie Littérature
1010, rue de La Gauchetière Est
Montréal, Québec H2L 2N5
Tél. : (514) 523-1182
Téléc. : (514) 282-7530
Courriel : vml@sogides.com

Illustration de la couverture : Image Bank, Joseph Drivas
Maquette de la couverture : Nancy Desrosiers

Données de catalogage avant publication (Canada)

Dyens, Ollivier
Chair et métal
(Gestations)
Comprend des réf. bibliogr.
ISBN 2-89005-729-1
1. Technologie – Aspect social. 2. Corps humain – Aspect social.
3. Technologie et civilisation. 4. Cyberculture. 5. Cybernétique – Aspect social.
I. Titre. II. Collection.

T14.5.D93 2000 303.48'3 C00-940180-6

DISTRIBUTEURS EXCLUSIFS :

- Pour le Canada et les États-Unis :
  MESSAGERIES ADP*
  955, rue Amherst
  Montréal, Québec H2L 3K4
  Tél. : (514) 523-1182
  Téléc. : (514) 939-0406
  * Filiale de Sogides ltée

- Pour la Belgique et le Luxembourg :
  PRESSES DE BELGIQUE S.A.
  Boulevard de l'Europe, 117
  B-1301 Wavre
  Tél. : (010) 42-03-20
  Téléc. : (010) 41-20-24

- Pour la France et les autres pays :
  INTER FORUM
  Immeuble Paryseine, 3, allée de la Seine
  94854 Ivry Cedex
  Tél. : 01 49 59 11 89/91
  Téléc. : 01 49 59 11 96
  Commandes : Tél. : 02 38 32 71 00
  Téléc. : 02 38 32 71 28

- Pour la Suisse :
  DIFFUSION : HAVAS SERVICES SUISSE
  C.P. 69 - 1701 Fribourg - Suisse
  Tél. : (41-26) 460-80-60
  Téléc. : (41-26) 460-80-68
  Internet : www.havas.ch
  Email : office@havas.ch
  DISTRIBUTION : OLF SA
  Z.I. 3, Corminbœuf
  C.P. 1061
  CH-1701 FRIBOURG
  Commandes : Tél. : (41-26) 467-53-33
  Téléc. : (41-26) 467-54-66

Pour en savoir davantage sur nos publications,
visitez notre site : **www.edvlb.com**
Autres sites à visiter : www.edhomme.com • www.edtypo.com
www.edjour.com • www.edhexagone.com • www.edutilis.com

Dépôt légal : 1er trimestre 2000
Bibliothèque nationale du Québec
Bibliothèque nationale du Canada
ISBN 2-89005-729-1

à Sonja,
à Linda, à Roland
et à Georges

Un livre est une entreprise ardue qu'on ne peut mener à bien sans l'aide de nombreuses personnes. Je désire remercier ici tous ceux qui m'ont aidé et encouragé et qui ont cru en moi. Je veux exprimer ma gratitude à Terry Cochran sans qui ce livre n'aurait jamais vu le jour. Merci à mon père pour ses conseils, toujours judicieux et intelligents, et aussi pour ses multiples lectures, relectures et incessants encouragements. Et bien sûr, comment pourrais-je oublier Sonja sans qui je n'aurais jamais accompli la moitié de ce que j'ai réussi à faire dans ma vie.

O. D.

I'm not afraid of life. I just don't know where it is anymore.

PAT CADIGAN

Introduction

Depuis plus de trente siècles, les êtres humains se lancent dans l'inconnu des océans et des montagnes, dans l'inconnu de contrées étranges et mystérieuses, dans l'inconnu des planètes et des étoiles. Depuis les temps immémoriaux de ces explorations, les êtres humains sont à la recherche des terres de l'esprit, du corps et de l'évanescent. De tout temps et dans toutes les cultures, par les arts et la philosophie, par-delà les voiles tendues des bateaux qui claquent dans le vent, par les rituels et les prières, par les langages, par les sciences et les lettres d'amour, les êtres humains, sans relâche, explorent des terres étranges. Depuis plus de trente siècles, les explorateurs, philosophes et artistes parcourent les nouveaux mondes de la géographie et de l'esprit.

Or, depuis le début du XXe siècle, les terres inconnues se font plus rares, car voilà plus de trois mille ans que nous furetons à leur recherche. Que nous reste-t-il alors à découvrir ? Où peut encore aller un explorateur en ce siècle ? Quelles contrées de la géographie, de l'esprit ou même de la sensibilité reste-t-il à explorer ? Les continents de cette planète sont-ils tous connus, ont-ils tous été colonisés ?

Sommes-nous condamnés à ne plus explorer ?

Non, car de nouvelles terres, fruits de notre accouplement avec les technologies, font leur apparition aujourd'hui. De nouvelles terres qui, tel un phénix, s'élèvent des cendres de notre « ancienne » humanité, de nos «anciens» mondes et de nos «anciennes» représentations. Nous voici abordant les rivages de l'enchevêtrement biologie/culture, ces territoires du plus ou moins intelligent, du plus ou moins humain, du plus ou moins vivant...

Nous avançons avec précaution sur ces *terra incognita*, nos corps entremêlés aux machines, aux arts et à la société, dédoublés dans les technologies, transpercés d'informations, transformés par les idées. Ces côtes sur lesquelles se fracassent nos anciens mondes ne sont pas celles de la géographie ni même celles de l'esprit ou de la sensibilité. Elles sont celles de l'instabilité et de la fusion, là où la vie, la mort, la naissance et la reproduction n'existent qu'imprécises et errantes, perpétuellement soumises aux contaminations, aux mutations et aux transformations. Les terres que nous explorons maintenant sont celles d'une nouvelle biologie, là où l'organique s'entremêle à la culture, là où le sang renaît dans le métal, là où l'être glisse et se dilue dans d'innombrables réalités du monde.

Les rivages que nous abordons sont peuplés d'êtres dont les corps sont tout autant culturels qu'organiques. Les nouveaux mondes de l'enchevêtrement et de l'indéfini dans lesquels nous vivons aujourd'hui sont peuplés de *corps-culture*.

Par ce terme, je désigne une symbiose non seulement entre le corps et l'art (la culture dans son sens le plus classique), mais aussi entre le corps et la technologie, entre le corps et la société, entre le corps et l'environnement, entre le corps et les phénomènes, aussi divers soient-ils, qui produisent de l'information (tels les médias, les chants d'oiseaux, les danses des abeilles, les épidémies, etc.), bref, *entre le corps et le monde des phénomènes extra-génétiques*. Les nouveaux continents de la technologie sont peuplés de cyborgs, de clones, d'animaux transgéniques et de virtualité et ils reposent sur les plaques tectoniques de la vie, de l'intelligence et de l'évolution artificielles. Nous voici face à des étendues fertiles dans lesquelles les êtres et les systèmes copulent sans cesse.

~

Ce livre est un recueil de réflexions sur deux phénomènes étroitement liés, soit : 1) la transformation profonde de notre perception du monde portée par les nouvelles technologies, et 2) l'émergence d'une biologie de la culture. Tout au long de ce livre, j'examinerai les nouvelles lectures du monde offertes par la technologie et je m'emploierai à montrer que non seulement ces dernières nous permettent d'assister à l'émergence d'une biologie de la culture, mais qu'elles sont aussi une des causes principales de cette émergence. Selon les nouvelles technologies, les êtres vivants appartiennent de moins en moins à la sphère organique. Nous devenons des corps-médias, des corps-images, des corps-intelligence. Nous nous transformons en corps-culture.

Nous verrons, à travers les exemples, hypothèses et théories présentés dans cet ouvrage, qu'immiscée dans nos activités et enchevêtrée dans nos comportements, dans nos gènes et dans notre environnement la culture (dans son sens classique) est en train de s'emparer de l'écosystème. De l'intelligence artificielle à la vie artificielle, des films de science-fiction à l'image numérique, de la carte du génome à Internet, les manifestations culturelles ont une grande influence sur tout ce qui nous forme, nous construit et nous habite. La culture est partout, elle apparaît dans tous les phénomènes du vivant et de l'organique.

~

Ce livre se centre sur le XXe siècle. Certains me questionneront sur ce choix. Le corps-culture, diront-ils, n'est-il pas de tout temps et de toute époque ? Oui, bien sûr, l'interaction serrée et profonde entre le corps et la culture date de l'émergence des êtres complexes (le vivant ayant toujours été soumis aux phénomènes extra-génétiques*). Mon choix n'est donc pas parfait et limiter mon analyse à ce siècle freine aussi toute possibilité d'exhaustivité dans cette étude. Mais ce choix n'est pas non plus totalement subjectif ni partial. S'il est une époque où le corps s'est enchevêtré à la fois à la culture et à la technologie au point d'en perdre toute spécificité, au point de fondre, littéralement, au point de se voir tellement transformé qu'il en est devenu méconnaissable, cette époque ne peut être autre que le XXe siècle. De Picasso à Hitler, de la métamorphose de Gregor Samsa à l'adolescent à la langue percée déambulant dans les rues de nos grandes villes, des corps des concentrationnaires aux populations irradiées, le XXe siècle aura été le siècle du corps mêlé, moulé et transformé par la technologie et la culture.

~

Cet ouvrage réunit mes observations sur l'émergence de la biologie culturelle. Le fil conducteur de cette mosaïque de textes est le désir d'explorer, de la façon la plus large possible, les lectures étranges proposées par les nouvelles technologies et le transfert du vivant de la matière organique à la culture. Ce livre n'est donc pas présenté de façon linéaire ainsi que le voudrait la tradition, mais plutôt comme une juxtaposition de réflexions et de variations autonomes autour de ces deux thèmes centraux.

---

* L'environnement, par exemple.

Chapitre premier

Le cratère du Yucatán

Origine : la condition intelligente

> Progression exponentielle...
> L'obscurité tomba de tous côtés, une sphère de ténèbres brasillantes, pression sur les nerfs étendus de cristal de cet univers de données en lequel il avait failli se transformer.
> Et quand il ne fut plus rien, comprimé au cœur de toutes ces ténèbres, vint un moment où les ténèbres ne purent plus résister, et quelque chose se déchira.
>
> William Gibson

Pourquoi pensons-nous? Pourquoi considérons-nous l'intelligence comme une spécificité humaine? Pourquoi sommes-nous si inquiets lorsque notre suprématie cognitive est menacée? Nous craignons la domination des machines intelligentes, mais nous n'éprouvons aucune inquiétude à côtoyer quotidiennement des machines qui nous dominent physiquement. Pourquoi défendons-nous notre cognition avec tant d'acharnement?

La perception contemporaine du monde veut que chaque espèce remplisse une fonction particulière. Dans ce modèle, les êtres vivants, les phénomènes géologiques ou atmosphériques, les représentations, les produits chimiques, bref tout ce qui est présent dans ce monde, peu importe à quelle échelle ou dans quelle concentration, existe en tant qu'élément fragile et fondamental d'une structure complexe. Tout phénomène, toute manifestation, tout vivant tisse sa présence dans l'immense toile d'araignée qu'est notre planète. Quelle est notre place dans ce grand dispositif? À quoi servons-nous? Quel rôle jouons-nous dans l'équilibre instable de ce monde?

L'être humain est un mauvais spécimen physique. Il est faible, il ne possède ni crocs ni griffes; son ouïe, sa vue, son odorat sont tous très moyens. L'être humain ne court pas vite, il ne saute pas haut, il ne vole pas ni ne nage d'instinct. L'être humain a toujours froid, sa progéniture naît démunie et reste dépendante longtemps. Comment alors pouvons-nous justifier notre présence dans cet écosystème? Comment pouvons-nous accepter l'idée même de notre émergence, puis de notre fabuleuse expansion? Comment expliquer que nous n'ayons pas été décimés? Notre existence, dans sa pauvreté physique, remplit-elle une fonction particulière? Comment avons-nous pu nous multiplier dans cette toile si dangereuse? Comment survivrons-nous dans les siècles à venir?

Il faut, pour répondre à ces questions, tenter de regarder différemment notre biosphère. *La toile planétaire est tissée de culture.* Du nid d'oiseau au chant du coq, en passant par les transmissions satellites, notre biosphère est fondamentalement baigné, noyé dans les manifestations culturelles. Nous encodons, décodons et réencodons continuellement. La culture et ses manifestations sont aussi essentielles à cette planète que peuvent l'être l'eau et l'air. La culture est la glaise qui permet de sculpter la complexité.

Mais si la culture est cette glaise, l'intelligence est la main qui la façonne. Et si nous parlons relativement peu de l'importance de la culture dans la formation de la biosphère et dans la dynamique de l'évolution, nous parlons encore moins de l'intelligence. Lorsque nous parlons de survie des espèces, lorsque nous étudions la richesse d'un système, lorsque nous examinons l'histoire planétaire, nous nous arrêtons rarement à l'intelligence. Et pourtant, celle-ci est indispensable. Pour que la toile des vivants et des phénomènes puisse exister, il lui faut absolument une intelligence. Tout système, qu'il soit biologique, planétaire, atmosphérique ou écologique, doit être intelligent, doit manipuler des représentations, les encoder, les décoder, en produire, s'en servir pour survivre et se complexifier. La planète que nous habitons n'est pas simplement une soupe organique. Elle est aussi une soupe d'intelligences. L'intelligence la marque dans toutes ses anfractuosités, dans toutes ses manifestations et dans toutes ses couches. C'est dans cette intelligence que l'être humain se multiplie.

Nous sommes la matière pensante. Voilà notre fonction. Nous existons afin d'ensemencer cette planète de représentations, d'idées, de dynamiques, de consciences, en un mot, de culture. Notre existence est cela; notre existence sert à cela. Nous, êtres humains, sommes beaucoup plus que de simples amas de gènes; nous sommes aussi des bassins de représentations, des colonies d'idées, des systèmes de pensée. Tout ce que nous faisons, tout ce que nous entreprenons, tout ce que nous produisons n'a qu'un but: l'augmentation du capital intelligent, l'augmentation de la «matière» pensante. Nous existons afin de produire *un humus de l'intelligence*, car c'est au moyen de cet humus que nous pouvons survivre et nous multiplier. Comme d'innombrables vers de terre qui fécondent, nourrissent et aèrent le sol, nous fécondons et nourrissons de matière pensante, de richesses idéologiques et de désirs de complexification cette matrice délicate et précaire qu'est notre écosystème.

La production d'idées, de représentations, de signes et de « mèmes[1] », est aussi importante pour l'équilibre de notre écosystème que peut l'être la production des gènes.

Il ne s'agit pas ici de laisser entendre que nous répondons aux désirs d'une entité omnipotente et omniprésente (tels Dieu, le Destin ou même la Nature) qui s'assure de la place et de la fonction de toute chose. Non. L'évolution est une dynamique qui n'est ni élégante ni parfaitement rodée. Comme le dit si bien Stephen Jay Gould, l'évolution procède par bricolages, par essais, erreurs, redondances et hésitations. Il n'y a pas, dans ce système que nous habitons, de *master plan* établi par quelqu'un ou quelque chose et que l'écosystème suivrait. La théorie du chaos l'a bien démontré : il n'existe pas de direction prédéterminée, car les systèmes sont beaucoup trop sensibles aux fluctuations. Les êtres qui peuplent les écosystèmes actuels se sont développés non pas selon un plan de départ, non pas pour répondre à un désir de grâce ou de beauté, mais bien à travers d'innombrables pressions de l'environnement. Afin de survivre, un être doit trouver la niche biologique qui lui permettra de se propager, de se multiplier et de relever les défis que lui lance le monde qui l'entoure. Les êtres vivants que nous observons aujourd'hui sont les vainqueurs de ces défis, et c'est pourquoi ils semblent si parfaitement adaptés à leur environnement.

La place que je suggère pour l'être humain, ce rôle de producteur de matière pensante, n'est donc pas marquée du signe du divin ou du destin ou même de la nature. Je crois tout simplement que la production de représentations, de dynamiques et de phénomènes intelligents est la niche dans laquelle l'être humain peut grandir, se multiplier et, surtout, traverser les millénaires. C'est à elle qu'il s'est adapté et moulé. Certains êtres vivants exploitent des niches organiques, d'autres, des niches chimiques, certains existent par l'entremise de niches physiques (la lumière, par exemple) et d'autres, enfin, exploitent des niches temporelles ou spatiales. Je propose ici que l'être humain existe, se propage, se multiplie et évolue dans la niche de l'intelligence et coévolue avec elle.

Et c'est ici qu'apparaissent les technologies[2]. Les technologies sont comme un engrais; elles rendent l'environnement plus apte à produire des signes et de l'intelligence. En retour, un environnement intelligent est un environnement fertile pour les technologies.

Par les technologies, nous essayons de devenir intelligence, nous tentons de nous dissoudre en elle. Car, si tout être converge le plus possible vers sa niche, il tente aussi de la faire converger vers lui. Se manipuler soi-même et manipuler son environnement, voilà ce à quoi tout être s'applique, l'objectif originel étant de fusionner avec l'environnement pour ne plus avoir à le combattre. C'est là, en fait, le but ultime de toutes nos transformations, de toutes nos mutations et de tous nos glissements et instabilités. Voilà aussi la conséquence principale de notre abandon récent des absolus qui font de la matière physique une barrière incontournable. Sans ces derniers, l'être humain peut se glisser à volonté dans les technologies.

Mais il y a plus que cela. Grâce aux technologies, nous ne faisons pas que manipuler l'environnement, *nous le créons intelligent,* producteur de représentations, de mèmes et d'idées, *nous le créons culture.* Grâce aux technologies, nous transformons l'environnement en un écosystème qui nous est admirablement bien adapté, nous introduisons dans l'environnement de nouveaux réels, des réels du pensant et du conscient, des réels auxquels nous nous confondons à la perfection, dans lesquels nous existons parfaitement. Voilà cc que sont Internet, le World Wide Web, la réalité virtuelle, la vie et l'intelligence artificielles.

Les technologies sont notre extension, non pas simplement sensorielle ou nerveuse, prosthétique ou mécanique, mais bien ontologique. Elles sont l'être humain fondu à sa niche, la matière intelligente qui s'immisce dans le vivant. Mais le terme « technologie » est trop limitatif. Ce sont en fait toutes les productions intelligentes de l'humanité qui doivent être incluses dans cette notion.

Nous ne devenons pas des cyborgs. Nous ne nous transformons pas en monstres. Les robots ne domineront pas la planète, pas plus que les clones d'ailleurs. Nous ne devenons pas moins humains, mais différemment humains. Nous devenons, non pas in-humains, mais bien culture-humains. Chaque technologie qui est inventée et utilisée augmente le capital intelligent du monde et crée des territoires culturels dans lesquels nous nous épanouissons.

Ce que nous observons aujourd'hui sans véritablement être capables d'y mettre un nom, c'est cette convergence de notre environnement, de nos systèmes, de notre corps et de toute notre ontologie vers et dans la matière intelligente. Il ne faut plus parler de condition humaine ou même posthumaine. Il faut maintenant examiner la condition intelligente.

Un clone est fait de matière intelligente, car il est une idée devenue chair. Un clone est aussi une chair devenue idée.

Nouvelles lectures

La réalité technologique

Nous vivons aujourd'hui, sans contredit, dans l'âge de la technoculture. La technoculture s'infiltre dans l'intimité humaine, elle touche les fondements de notre existence et elle nous oblige à reconsidérer notre place, celle de notre histoire et celle de notre destinée dans la structure de l'univers. Par les machines de cet âge nouveau, nous voyons des choses, des mouvements et des dynamiques que nous n'avions jamais vus auparavant. Par ces machines, nous regardons l'univers, nous scrutons son passé, nous écoutons les bruits de ses lointaines explosions, nous prévoyons sa fin ou son éternité, bref, nous y cherchons l'essentiel de ce qui nous tisse et nous forme.

La réalité du monde est liée à la biologie des êtres. Le chat, le chien, l'être humain, l'abeille ou la fleur, tous les organismes vivants sur cette planète voient le monde, le décodent et l'encodent selon leur biologie, c'est-à-dire selon leurs besoins, leur bagage génétique et leur spécificité issue de l'évolution. Le monde que nous percevons nous est propre non seulement intellectuellement, mais aussi biologiquement. Il y a autant de réalités sur cette planète qu'il y a d'espèces vivantes pour les percevoir.

Mais si nous dépendons de notre biologie pour construire la réalité du monde (de notre monde), cela suppose qu'une des caractéristiques les plus fondamentales de cette réalité est la reconnaissance. C'est l'être vivant qui décide de reconnaître un phénomène comme vivant, intelligent ou conscient, car c'est lui qui est tributaire des conséquences de cette décision. *Toute certitude est inséparable de sa lecture.* Les certitudes n'appartiennent pas au domaine de l'absolu, mais bien à celui de la reconnaissance. Je vois, je perçois et je reconnais le phénomène qui est devant moi comme absolu, mais cet absolu n'existe pas hors de moi. Toute certitude est définie par cette interaction. C'est moi, en tant qu'être humain, qui décide si le phénomène que j'observe est vivant ou non, car c'est *ma* vie qui est en jeu. La reconnaissance de la vie constitue une pression importante de l'environnement, puisqu'elle met en jeu la survie. Il est donc naturel que nous nous y soyons adaptés selon notre biologie. Nous définissons le vivant uniquement sur les bases de notre survie, c'est-à-dire à notre échelle, selon notre perception, selon notre réalité biologique. Le vivant, pour que nous le définissions comme tel, doit croiser directement notre réalité.

Tout juste après sa première série de matchs contre l'ordinateur Deep Blue, le champion d'échecs Gary Kasparov exprimait la réflexion suivante sur un de ces phénomènes étranges qui croise la réalité humaine :

> En fait, la question qui se pose est la suivante : si l'ordinateur fait le même geste stratégique que j'aurais fait pour des raisons complètement différentes, a-t-il alors accompli un geste « intelligent » ? Est-ce que l'intelligence d'un geste dépend de celui (ou de la chose) qui l'a accompli ? (Kasparov, p. 57.)

Je reconnais ce qui m'entoure, je le désigne comme vivant ou non vivant, comme intelligent ou non intelligent, comme conscient ou non conscient, mais seulement à mon échelle, car ce n'est qu'à cette dernière que ma survie est en jeu[3].

Les technologies nous offrent l'accès à de nouvelles échelles, là où notre biologie ne possède pas la faculté de définir ce qui l'entoure, de reconnaître ce qui peut potentiellement la menacer ou l'aider. Par les technologies, nous voyons maintenant des dimensions et des dynamiques du monde qui n'appartiennent pas à notre biologie. Lorsque j'observe une cellule, un virus ou un atome, lorsque je manipule des gènes, lorsque je regarde une supernova, une galaxie ou une étoile, lorsque j'étudie des mouvements géologiques ou marins, lorsque j'écoute des chants de baleines ou de chauves-souris, je plonge dans des échelles de réalités qui ne sont pas les miennes. Quand je quitte mon échelle biologique (comme nous permettent de le faire les technologies actuelles), je perds la capacité de reconnaître. Sans celle-ci, je ne suis pas en mesure de proposer des absolus et de me définir par rapport à ces derniers. Par la lecture des réalités que nous proposent les machines, toute structure qui permet de dire « oui, ceci est vivant » nous échappe.

À l'échelle atomique, par exemple, comment peut-on clairement différencier un être humain d'une table ? À l'échelle microscopique, comment puis-je prétendre discerner ce qui est vivant chez un être vivant ? Est-ce son sang, ses cellules, ses molécules ? Qu'est-ce qui est intelligent chez cet être vivant ? Ses neurones, ses dendrites ? Aux échelles qui ne croisent pas ma réalité biologique, je ne peux reconnaître et distinguer les phénomènes. À ces échelles reculées, le réel humain bascule dans la précarité[4].

Dans ces nouvelles échelles, le seul réel est celui des machines, celui de la *réalité technologique*.

La réalité technologique est une réalité construite, à parts égales, par les êtres humains et par les machines. La réalité technologique est le monde vu, perçu, décodé et encodé à la fois et en même temps par l'être humain et par ses technologies.

Cette réalité, propre à notre état actuel, se fonde au moyen de deux piliers principaux (et étroitement reliés).

Le premier est le *glissement de la représentation.* J'entends par là la fin non seulement des idées stables (politique, religion, nation, etc.), mais aussi des absolus universels et fondamentaux (comme la vie, la mort, la naissance, etc.). Tout absolu est dépendant des échelles de la réalité. Tout absolu est dépendant de la biologie des espèces. Il n'est, en fait, qu'un consensus entre divers organismes quant à la reconnaissance de tel ou tel phénomène. La vie, la mort, l'intelligence, la naissance, etc., tous ces absolus en lesquels nous avons toujours cru paraissent aujourd'hui inséparables des échelles de reconnaissance. Les technologies actuelles, parce qu'elles nous permettent d'observer d'autres couches du monde, nous obligent à accepter l'idée que nos universaux sont non seulement instables, mais aussi diffus et dispersés. En changeant d'échelle, nous nous sommes aperçus que nos absolus ne sont pas construits sur la base d'oppositions, de frontières, de séparations, mais sur celle de degrés, de concentrations et d'échelons. Les phénomènes ne sont pas vivants ou non vivants, intelligents ou non intelligents, mais bien plus ou moins vivants, plus ou moins intelligents, plus ou moins conscients. Les absolus, comme les réalités, existent par chevauchements, par contaminations et par degrés.

Le deuxième pilier de la réalité technologique, inséparable du premier, est l'*enchevêtrement des technologies dans la nature*. Il est impossible, aujourd'hui, de nier l'étroite coévolution entre les êtres humains et les technologies. Nous existons et nous évoluons avec ces dernières et à travers elles.

Réfléchir sur la technoculture, ce n'est donc pas simplement réfléchir sur l'impact des technologies dans notre monde, mais c'est aussi, en fait, examiner de nouvelles strates du réel, là où s'enchevêtrent les êtres vivants, les phénomènes et les machines. Aujourd'hui plus que jamais, par l'instabilité et la multiplicité des mondes qu'elles nous font découvrir, parfois à l'intérieur même de notre corps, par le fait qu'elles transforment les perceptions les plus fondamentales de ce que nous sommes, les machines doivent faire partie intégrante de tout questionnement ontologique. Il n'est plus possible de poser la question de Dieu, de la nature, de la vie, de la mort sans tenir compte de l'apport essentiel des machines à ces questionnements. Notre compréhension des phénomènes qui nous forment et qui nous donnent vie, tout ce que nous nous imaginons être, tout ce que nous comprenons du monde qui nous entoure, bref, toutes nos représentations dépendent en grande partie des machines. Dans la perception actuelle que nous avons de notre univers, *il n'existe plus de naturel sans les machines.* Voilà ce qu'est la réalité technologique.

L'univers, aux échelles qui échappent à nos sens, ne nous appartient pas; il appartient aux machines... À ces échelles, toutes les lectures du monde que nous faisons dépendent des messagers que sont les machines. Elles y sont nos chamans, elles pénètrent des temps et des lieux qui nous sont interdits et elles en rapportent des narrations troublantes, inquiétantes, féeriques et souvent prémonitoires qui affectent directement ce que nous sommes et ce que nous nous imaginons être.

> Dans un sens qui n'est pas trivial, il se crée une culture de machines. Elles ont été construites par nous, mais elles ont leur propre façon de regarder l'univers que nous ne partageons pas. Je ne verrai jamais de rayons X avec mes yeux, mais le satellite que je construis peut les voir et il peut essayer de les interpréter dans un sens qui n'a de signification que pour ce satellite, pour cette machine. Il se crée des réalités autour de ces machines, et nous sommes en communication avec elles, nous essayons de leur demander ce qu'elles voient en ce moment. (Malina, 1995, p. 45.)

Les machines créent des réels innombrables certes, mais que nous proposent ces réels? Quelles perceptions de l'univers nous offrent-ils?

1. *Les frontières sont instables.*

Par la réalité technologique, nous comprenons qu'à certaines échelles le vivant ne peut se distinguer du non-vivant, l'intelligent du non-intelligent. Cette réalité nous fait voir très clairement que, s'il y a oppositions entre les phénomènes, celles-ci ne sont que graduelles, glissant petit à petit les unes dans les autres comme une série de fondus enchaînés.

Les phénomènes et les architectures du vivant débordent constamment les cadres restreints de la matière organique. Voilà une des clés des nouveaux réels proposés par la réalité technologique. Qui plus est, tout débordement est infectieux, c'est-à-dire que ni matière, ni forme, ni environnement ne sont totalement immunisés contre une possible présence de vie. Ce sont plutôt la capacité d'infecter et la vulnérabilité de chaque phénomène à cette infection qui varient énormément. Il existerait, nous dit la réalité technologique, des niveaux de « vivacité » entre les formes, les matières et les environnements[5]. Entre la vie organique et la vie artificielle, entre l'intelligence animale et l'intelligence artificielle, il existerait non pas des frontières, mais bien des gradations. Une conclusion semble donc se dessiner : la vie (et je propose qu'il en soit de même pour l'intelligence) n'est pas un phénomène du tout ou rien, limité par la matière organique (ou son absence). La vie et l'intelligence sont des dynamiques en glissement constant, pénétrant, à diverses échelles et à divers degrés, toute matière et tout phénomène. Les phénomènes ne sont donc pas délimités entre eux, mais existent plutôt à travers d'incessants enchaînements.

2. *La destination n'existe pas.*

L'être humain n'est pas une fin ; il n'est qu'un degré de « vivacité ». Voilà une autre représentation proposée par ces réels. La vie, l'intelligence, la conscience, la mort, bref, tous les grands absolus qui nous forment et qui nous définissent ne sont pas des phénomènes dont l'aboutissement est la forme vivante. Le corps n'est pas la destination finale de ces phénomènes, il n'est que leur transit. Le corps est une poussée éphémère et instable « fortement » vivante. Il ne s'agit donc pas de définir l'être par ce qu'il est comme résultat, par ce que l'on peut en percevoir, mais plutôt par les chemins qu'a empruntés (et qu'emprunte) tout ce qui l'a formé (et qui continue de le former). Ce que l'on pourrait appeler l'ontologie technologique nous suggère donc de comprendre l'être vivant non plus comme un aboutissement, mais bien comme une série d'interactions instables et transitoires entre les phénomènes. L'être, dans sa forme actuelle, n'est que passage ; il n'est que composante infiniment petite d'un corps vivant immense et ancestral : l'humanité. Nous voici face à un univers sans origine ni aboutissement, multipliable à l'infini.

3. *Tout est contaminé.*

Mais plus que tout, nous dit la réalité technologique, les nouveaux réels, ces réels matriciels, sans frontière ni origine, ne sont rien d'autre que matière contaminée. Comme ces premiers biologistes qui virent soudain, grâce au microscope, d'innombrables microbes dans un verre d'eau apparemment propre, nous voici, par le biais des technologies actuelles, découvrant que nos constructions du monde sont comme cette eau, contaminées. Dans les phénomènes que nous sommes et ceux qui nous entourent, rien n'est « en santé », car tout se propage et s'échange, muté, modifié et transformé. L'univers pense en nous, dit Pierre Lévy, mais d'abord et avant tout il se contamine en nous et nous nous contaminons en lui. Comme des virus, nous voici donc constamment placés à la frontière entre le vivant et le non-vivant, à la fois contaminateurs et contaminés, créateurs et destructeurs. La réalité technologique nous montre clairement que nous sommes comme des virus, n'existant que dans l'interaction des phénomènes. Nous sommes instabilités, glissements et frottements, à la fois vie et non-vie, unité et collectivité, parcours et processus. Nous voici « construits » sans origine ni but, morceaux cassés de la matrice planétaire, flottant dans cette dernière.

4. *Les êtres organiques ne sont qu'une possibilité du vivant.*

L'être vivant tel que nous le définissons, cet être fait d'organes, de cellules, de sang et d'eau, n'est qu'une des nombreuses options possibles de la biologie. La réalité technologique nous a permis d'observer que tout être vivant est fondamentalement construit à partir d'un échange d'informations, et que cet échange peut tout aussi bien être génétique que non génétique. Le vivant est une dynamique d'informations et cette dynamique existe aussi dans le non-organique[6]. Le vivant organique n'est qu'une des échelles possibles de tous les vivants possibles. Voilà ce que nous force à accepter la réalité technologique.

La réalité technologique est une terre de millions d'autres mondes. Elle est un pays où nos représentations ne sont pas des monuments, des montagnes ou des fossiles, mais bien des vents capricieux qui soufflent, disparaissent et réapparaissent de façon aléatoire. Dans ce monde, nos absolus ont la stabilité de dunes de sable balayées par un sirocco… Les définitions possibles du corps, du vivant, de la biologie ou de la technologie ne peuvent être que des passages.

Nous ne pouvons plus construire un monde fondé sur une perception organique du temps et de l'espace. La *réalité* de la réalité technologique se construit sur une série de contradictions (l'inorganique dans l'organique, l'intelligent dans le non-intelligent, le quantique dans la mesure, etc.) qui nous contraignent à comprendre et à accepter plusieurs états à la fois, plusieurs mesures en même temps, plusieurs vivants dans chaque organisme[7].

Le modèle de ce que nous sommes est éphémère et il peut, à volonté, être défait, puis refait presque totalement.

Fini le temps où l'être humain se définissait simplement en fonction de sa biologie. Aujourd'hui, les machines font partie intégrante de cette définition. Nous ne pouvons plus exister ou penser sans les machines et sans les compréhensions du monde qu'elles nous offrent. Nous devenons des cyborgs, mais pas des cyborgs à la *Star Trek*, terribles robots à demi organiques, cherchant constamment à détruire et à assimiler. Nous sommes plutôt des cyborgs dans notre lecture du monde, dans notre construction de sa réalité, dans notre compréhension de ses fondements. C'est lorsque nous regardons l'univers, que nous écoutons les étoiles, que nous cherchons Dieu et notre place dans le schème universel que les machines sont indispensables. Nous sommes des cyborgs, car ce n'est qu'à travers les machines que nous pouvons regarder le soleil…

La biologie culturelle

> Tout comme la vie s'infiltre impitoyablement dans la matière, puis la kidnappe à jamais, la vie culturelle kidnappe la biologie. La culture modifie nos gènes. Voilà le phénomène fondamental dont il est question ici.
>
> KEVIN KELLY

Quand j'étais jeune, nous parlions constamment de la bombe atomique. Nous avions tous vu les images de souffrance, de désolation et de terreur qu'elle engendrait. La bombe hantait nos conversations et nos cauchemars. Elle était notre dieu terrible, omnipotent et omniprésent, prêt à laisser exploser sa colère du fond des mers, du haut des cieux ou des tréfonds de la terre, dieu de la mort et du désordre, dieu sur qui reposait le sort de l'humanité…

Aujourd'hui, le dieu est toujours là, mais son nom a changé. On ne l'appelle plus bombe atomique mais environnement. On ne craint plus l'explosion immédiate de ses terribles forces destructrices, mais celles plus lentes de sa pollution. Comme notre ancien dieu, celui-ci se nourrit toujours de la folie humaine et nous murmure toujours à l'oreille que notre fin est proche, qu'elle sera terrible et qu'elle emportera avec elle tout ce qui vit.

Mais les catastrophes font partie intégrante de ce que nous sommes. L'évolution elle-même est indéniablement liée aux catastrophes. Des espèces particulières dominent un écosystème jusqu'à ce qu'un cataclysme les frappe. Une extinction de masse s'ensuit et, dans le vide écologique ainsi créé, une nouvelle espèce peut fleurir et se déployer. Les tremblements de terre, les raz de marée, les chutes de météorites et, oui, même les bombes atomiques qui s'abattent sur les écosystèmes font partie du tissu biologique qui nous forme et nous sculpte. Nous sommes le résultat non pas d'une évolution linéaire et prévisible, mais bien d'une histoire étrange et inégale, faite de sauts, d'hésitations et de bricolages, une histoire qui a des débuts et des fins.

Notre fin est proche.

Depuis plusieurs années déjà, nous entretenons et nous cultivons notre fin. Mais il ne s'agit pas d'une catastrophe nucléaire ou environnementale, ni de l'approche inexorable d'un morceau d'astéroïde, ni du déclenchement d'une guerre terrible, ni de la propagation d'une nouvelle et virulente maladie mortelle. Personne ne trouvera un cratère marin au large du Yucatán qui expliquera notre disparition. Non, notre fin germe dans la transformation profonde de l'évolution… Il ne s'agit même plus de distinguer les espèces, de savoir laquelle survivra et laquelle périra, car c'est tout le règne biologique qui tire à sa fin et qui se trouve menacé d'extinction. Mais ni une bombe ni une catastrophe environnementale n'en seront responsables.

Le vivant devient culture.

La vie veut se reproduire. Elle n'a qu'un but: se disséminer. La vie utilise tous les moyens mis à sa disposition pour se propager.

Nous voici à l'orée de l'émergence d'écosystèmes complètement différents. De nouvelles formes de vie sont sur le point de naître, de se développer et de se reproduire[8]. Certaines perdureront, d'autres s'éteindront dans le jeu de l'évolution et certaines domineront dans leur écosystème, comme l'ont fait les êtres biologiques avant elles. Ces formes de vie, je les nomme des *corps-culture.*

Qu'est-ce que la culture?

La culture peut se définir selon d'innombrables critères (fait-on une distinction entre *la* culture et *une* culture?). Le mot recouvre en fait des univers de sens bien distincts (par exemple, le labour d'un champ et l'expression artistique). Mon but ici n'est pas de proposer une définition tous azimuts du mot « culture », mais seulement de délimiter son sens. Je propose donc les deux définitions suivantes de la culture:

1. Toute trace, tout signe laissé dans l'environnement par un être vivant (aussi bien un nid qu'un chemin, une peinture ou un parfum);
2. Toute information qui peut se reproduire et se disséminer sans utiliser *directement* la voie génétique (un livre, un chant, des mythes, un vol d'oiseaux en formation, etc.).

La culture est-elle liée à l'évolution?

Pour répondre à cette question, je résumerai la théorie de l'évolution de Richard Dawkins.

Pour Dawkins, l'évolution est gouvernée par ce qu'il nomme le « gène égoïste ». Ce ne serait ni l'espèce ni ses individus qui tenteraient de se perpétuer, mais bien tout simplement leurs gènes. Les corps des êtres vivants ne seraient rien d'autre que des genres de « véhicules de survie » construits par les gènes dans le but d'affronter plus efficacement les pressions de l'environnement. Un corps ressemblerait ainsi à un tank, il serait un contenant fort et puissant qui permettrait à ses occupants (les gènes) de survivre aux attaques de l'environnement. Tout, selon Dawkins, peut se réduire à l'idée du gène égoïste, aussi bien l'amour et la guerre que la société. Civilisations, environnement, écosystèmes ne seraient que l'expression du gène égoïste.

Mais Dawkins ne s'arrête pas là et il propose l'existence d'unités qui seraient à la base de tout, même des gènes. Ces unités, il les appelle des « réplicateurs ». Les réplicateurs n'ont qu'un seul but, la dissémination, et ils n'ont qu'un mécanisme, la reproduction. Les réplicateurs bâtissent tout ce qui existe sur cette planète, soit aussi bien des gènes que des idées. Fondamentalement, notre biosphère au complet (avec ses êtres vivants, ses technologies, ses civilisations, ses évolutions, etc.) ne serait qu'une dynamique de réplicateurs.

Il est intéressant de noter ici que, si une idée est un réplicateur, alors une culture, une religion, un dogme, un chant d'oiseau, une évolution peuvent aussi être considérés comme étant des réplicateurs. Bref, si les réplicateurs sont bien à la base de tout ce qui fonde nos écosystèmes, il n'y aurait que bien peu de différences entre un être humain, un animal, une religion ou une machine, tous étant des véhicules dont la fonction est d'assurer la meilleure dissémination possible.

Mais un réplicateur ne cherche pas à créer des êtres vivants organiques. Un réplicateur est un voyageur dans le temps. Afin de mieux se déplacer (plus rapidement et moins dangereusement), ce dernier a besoin d'un véhicule, de *n'importe quel véhicule* pourvu que celui-ci l'amène rapidement d'un point temporel à un autre. Parfois, le véhicule emprunté est fait de matière organique, parfois de boulons et de circuits intégrés, parfois d'idées. Pour un réplicateur, utiliser une idée ou un être vivant pour se reproduire n'est pas une question de morale, mais bien une question de disponibilité et d'efficacité. Pour un réplicateur, une chaîne de montage est aussi valable et efficace qu'une ruche; une religion est aussi « vivante » qu'un être humain, tant et aussi longtemps que l'un et l'autre lui permettent de se disséminer efficacement. Le réplicateur n'a qu'un devoir, celui de se reproduire, peu importe la matière utilisée pour cela.

Le réplicateur est opportuniste, il ne doit rien à l'organique.

~

Les êtres vivants sont des véhicules de reproduction peu efficaces. Un être vivant utilise énormément d'énergie, il consomme d'autres « véhicules » pour survivre, sa méthode de dissémination est peu fiable, il est sensible aux variations de température, il doit manger, boire, dormir; bref, il a besoin de dépenser une énergie folle pour, finalement, arriver à se reproduire.

D'autres dynamiques, d'autres phénomènes font preuve de beaucoup plus d'efficacité. Une idée, par exemple, se propage rapidement et à un coût énergétique peu élevé. De plus, une idée n'est soumise ni aux conditions climatiques ni aux pressions matérielles de l'environnement.

Mais une idée, une religion, un dogme, la culture en général (telle que je l'ai définie plus haut) ne peuvent émerger d'eux-mêmes. Pour ce faire, toutes ces dynamiques ont besoin de l'aide d'êtres organiques. Les idées ne peuvent se disséminer s'il n'existe pas de cerveaux ou de langues. Une religion ne peut se propager si un regroupement d'êtres vivants n'y adhère pas. Un chant d'oiseau particulier ne peut être transmis à travers le temps et l'espace s'il ne peut « sauter » d'un être vivant à l'autre. Les êtres organiques sont, en quelque sorte, la terre arable de la culture[9].

La culture a besoin d'êtres organiques complexes pour exister. Un réplicateur ne peut construire des véhicules faits de culture si, à la base, il n'y a pas de contenant organique qui agisse comme hôte. L'hôte y trouve aussi son compte, puisque cette culture lui permet, en retour, d'effectuer d'importants sauts évolutifs, sans passer par la lente progression biologique (un vaccin, par exemple, me permet d'accélérer le développement de mon système immunitaire sans avoir à passer par le douloureux filtrage de mon espèce). Jusqu'à maintenant, cette coévolution a garanti un équilibre entre réplicateurs organiques et réplicateurs culturels. Mais c'était sans compter sur l'émergence de l'environnement médiatique.

L'environnement médiatique (Internet et les télécommunications en particulier, mais aussi tous les dispositifs de diffusion culturelle, tels l'industrie du livre, du magazine et de la musique, les productions cinématographiques et télévisuelles, etc.) est fait à la mesure des réplicateurs culturels, puisque ces derniers peuvent s'y reproduire et s'y disséminer indépendamment des êtres vivants. En outre, du point de vue de l'évolution, l'environnement médiatique est plus efficace, plus rapide et moins fragile que l'environnement organique. Par conséquent, plus l'environnement médiatique se développe, plus il acquiert de l'autonomie et plus l'environnement biologique dépérit (car les réplicateurs y voient alors moins d'avantages reproductifs). La catastrophe qui nous fera probablement disparaître (ou du moins changer profondément) ne viendra pas d'un morceau d'astéroïde qui se fracassera sur nos villes, mais tout simplement de nos écrans de télévision, de nos religions, de nos sites et adresses Internet, de nos écrits et de nos radios. Face à l'efficacité de l'environnement médiatique, nous ne faisons plus le poids.

Mon hypothèse est que la disparition des espèces, tout comme la mutation environnementale, est une conséquence de cette transformation des écosystèmes. Notre environnement est saturé de culture (et il ne s'agit pas seulement ici de télécommunications, mais aussi de choses comme les matériaux, les ondes, la lumière, les bruits, les émissions chimiques, etc.) et chacun de ces phénomènes affecte directement les ressources biologiques dont ont besoin les êtres vivants pour survivre. Le réchauffement de la planète, l'extinction de certaines espèces, les mutations d'autres espèces, la dégradation des océans, la désertification, etc., sont des conséquences non pas de notre cupidité et de notre cruauté, mais bien de notre production culturelle effrénée. La culture appauvrit l'environnement biologique non pas parce qu'elle est intrinsèquement néfaste ou mauvaise, mais tout simplement parce qu'elle offre aux réplicateurs la possibilité de passer outre à l'organique et au biologique. Plus l'environnement culturel et médiatique grandit, s'étend et acquiert son autonomie, moins l'environnement organique est nécessaire. Bientôt, par l'interconnexion complète des réseaux de télécommunication, l'environnement biologique pourrait s'éteindre, non pas par suite d'une punition divine, mais tout simplement parce qu'il n'offrirait plus d'avantages aux réplicateurs.

Certains s'opposeront à ces propos et invoqueront l'argument de l'inviolabilité de la vie afin de tenter de déconstruire mon hypothèse. Je veux être clair ici. Je ne cherche pas à nier l'extraordinaire miracle que semble être la vie. Je m'efforce simplement de signaler une bifurcation de l'évolution, là où « le vivant » est sur le point d'emprunter des chemins différents de ceux que nous connaissons. La vie va continuer, mais elle sera de moins en moins organique et ne prendra probablement pas la forme qu'elle a actuellement. Cela veut-il dire que les êtres vivants vont disparaître ? Dans leur forme actuelle, peut-être bien. Ils seront en tout cas relégués à la périphérie des écosystèmes.

Mais qui dit que la vie doit être organique ? Quelle loi humaine, divine ou environnementale oblige la vie à ne prendre que des chemins biologiques et chimiques ? À l'instar des tenants de la vie artificielle, je suggère ici que la vie, en tant que phénomène et dynamique, ne dépend pas de la matière utilisée. La vie est une interaction, une poussée, une énergie. La vie emprunte les formes et les matières qui lui paraissent les plus efficaces.

Le biologiste François Jacob affirme que les êtres vivants perçoivent le monde qui les entoure selon leur réalité biologique. Or pour nous, êtres humains, cette réalité n'est plus valable. Toute notre expérience du monde est, aujourd'hui, filtrée, interprétée et transformée par la culture. Ce sont la culture, les technologies, les médias, les sciences, etc. qui créent actuellement notre réalité biologique. Nous ne pouvons déjà plus nous définir, nous comprendre et nous représenter sans l'aide de la culture. Bientôt, nous ne posséderons même plus de réalité biologique sans cette dernière. Nous vivons, nous respirons, nous existons et nous mourons à travers la culture.

Regardez autour de vous et voyez combien vous êtes déjà entourés d'êtres profondément transformés par la culture. Voyez les fruits manipulés génétiquement, les porcs transgéniques, les transplantations d'organes, les clones, les stimulateurs cardiaques, les septuplés américains. Arrêtez-vous quelques instants et regardez autour de vous les enfants *in vitro*, les victimes de la thalidomide, la génération Nintendo, les *bodybuilders*, les stars aux implants mammaires et les têtards sans tête.

Nous sommes déjà des corps-culture.

Le désir de la culture

Pourquoi sommes-nous attirés sexuellement par certaines personnes et non par d'autres ? Pourquoi certains corps nous excitent-ils et d'autres non ? Y a-t-il des canons de la beauté qui traversent les âges et les cultures ?

Selon les recherches récentes, trois principaux facteurs interviennent dans l'éclosion du désir sexuel : l'immunité, la santé et la fécondité.

Un visage symétrique, par exemple, est signe d'immunité. Une belle peau, des cheveux soyeux, des dents blanches sont tous signes de santé. Plus les seins sont volumineux, plus le corps possède d'hormones sexuelles (de l'œstrogène plus particulièrement), signe de fécondité. Mais l'œstrogène nuit à l'immunité. Une poitrine généreuse est ainsi le signe d'un corps fécond mais faible sur le plan immunitaire. Des seins volumineux *et* symétriques représentent donc un corps fécond et fort du point de vue immunitaire. Il en est de même pour le rapport taille/hanches, ces parties du corps subissant elles aussi l'action des hormones sexuelles. Le rapport que nous considérons généralement comme désirable (rapport de 0,7, c'est-à-dire que la mesure de la taille équivaut à 70 % de celle des hanches) est justement celui qui correspond au mélange d'hormones le plus efficace[10].

Cette relation entre l'« efficacité » d'un corps et le désir qu'il provoque est un exemple de réalité biologique. Le corps et l'espèce se construisent à travers cette réalité. Nous trouvons sexuellement attirant ce que nous sommes biologiquement à un moment précis de l'évolution.

Les canons de la beauté illustrent l'emprise que l'organique exerce sur la culture.

~

Voilà qu'avec l'émergence des environnements culturels, c'est soudainement la culture qui fait main basse sur l'organique, qui s'empare de ses structures et les transforme à volonté. Aujourd'hui, les manipulations diverses (prothèses mammaires, drogues hormonales, altérations chirurgicales, antibiotiques, crèmes, etc.) pervertissent les critères biologiques de la beauté physique. Une femme aux seins volumineux et symétriques n'est plus une personne dont l'immunité et la fécondité sont fortes. Des muscles développés chez un homme ne sont plus la marque d'un être fécond et en bonne santé. Une personne ayant une belle peau peut être une personne dont la santé est fragile. *Les signes biologiques n'opèrent plus.*

Alors pourquoi sommes-nous toujours attirés par les starlettes d'Hollywood ? Par les jeunes hommes musclés ? Les vieux réflexes biologiques fonctionnent encore, cela ne fait aucun doute, mais je crois qu'il faut aussi considérer une autre hypothèse.

Nous ne recherchons plus les corps dont la santé ou l'immunité sont très fortes, car nous savons que nous pouvons facilement remédier à ces carences au moyen de diverses technologies. Mais, comme toujours, nous recherchons des corps « puissants », c'est-à-dire des corps qui peuvent survivre plus efficacement et qui permettent une meilleure dissémination génétique. Or il ne s'agit plus maintenant de disséminer des réplicateurs organiques (des gènes). Dans l'environnement culturel, nous recherchons des corps féconds *culturellement.*

Notre environnement se transforme rapidement. Dans cet environnement modifié, ce sont les signes culturels qui dictent la relation au pouvoir (c'est-à-dire à l'efficacité de la dissémination). Aujourd'hui, les corps les plus « efficaces » sont ceux qui évoluent souverainement non plus dans la biologie, mais bien dans la culture. Nous sommes attirés par les vedettes d'Hollywood parce que ces personnages correspondent à nos critères de beauté biologique, mais aussi parce qu'ils nous prouvent leur efficacité culturelle. Ce que nous cherchons aujourd'hui, ce sont des corps sur lesquels apparaissent les marques de la culture. Une star d'Hollywood, homme ou femme, qui s'est fait poser des implants est un être-culture et c'est cela qui nous attire. Dans un environnement où la biologie perd de son caractère central au profit de la culture, l'adaptabilité et la capacité d'occuper une position dominante dans l'univers culturel deviennent des facteurs essentiels.

Pamela Anderson, par exemple, n'est plus un être humain, mais bien une idée-virus, un fantasme-virus que partagent nombre d'hommes. Sa présence, pour la grande majorité de ses fans, n'est pas physique, mais bien télévisuelle, culturelle et sémiotique. Ce qui attire chez cette actrice, ce n'est pas simplement son corps et l'équilibre fécondité/immunité qu'il représente (puisque ces signes sont constamment manipulés), mais bien le fait que ce dernier est moins essentiellement biologique que fondamentalement culturel. Pamela Anderson est Internet, elle est magazine; Pamela Anderson est un réseau de signes et de désirs. Son ontologie est culture, car elle n'a ni présence ni existence dans le monde organique. La personne organique qu'est Pamela Anderson est beaucoup moins réelle que son double culturel.

Les stars que nous chérissons et que nous désirons sont des copies vivantes d'elles-mêmes. La Pamela Anderson de *Playboy* ou de *Baywatch* est un être qui existe indépendamment de la Pamela Anderson «réelle», puisqu'elle est faite de réplicateurs idéologiques et que sa fonction principale n'est plus la dissémination de ses gènes organiques, mais bien de ses «gènes» culturels. Ce n'est pas la Pamela Anderson organique (que nous ne connaissons pas) qui nous attire, c'est la Pamela Anderson culturelle, cette entité extrêmement féconde dans l'univers médiatique (comme en font foi les centaines de sites Internet qui lui sont consacrés).

Oui, ce personnage incarne l'idéal de la beauté biologique, mais dans Internet, à la télévision, au cinéma et dans les magazines. La Pamela Anderson des médias est un véhicule de réplication culturelle d'une extrême efficacité.

La beauté n'est plus ancrée dans le biologique, car ce dernier n'a aucune valeur indépendante du culturel. La beauté est l'efficacité culturelle.

Voilà ce qu'illustrent des phénomènes tels que le *body-piercing*, le culturisme et le sport à tout prix, soit le besoin d'être présent et dominant dans l'environnement culturel. Un culturiste aux muscles gonflés grâce aux stéroïdes est loin, très loin d'être une personne en bonne santé. Mais sa présence dans l'environnement culturel en fait quelqu'un de désirable. Un culturiste qui devient populaire prouve à tous et à toutes qu'il est efficace dans la dissémination de ses réplicateurs culturels. Nous ne cherchons plus la santé ou la fécondité organiques. Nous désirons la culture, nous voulons être domination culturelle...

L'idée vivante

> Tout ce que nous jugeons étrange à propos de l'homme peut se résumer en un seul mot: « culture ».
>
> RICHARD DAWKINS

Depuis des millénaires, l'*Homo sapiens sapiens* laisse des traces de son passage individuel et collectif sur cette planète. Depuis des millénaires, l'être humain et sa collectivité bâtissent des structures physiques (des temples, des arènes, des sénats) et intellectuelles (des religions, des programmes politiques, des livres) qui témoignent de leur présence à travers les âges. La culture et ses nombreuses manifestations sont un héritage aussi puissant que l'héritage génétique. Comme la génétique, la culture traverse les âges et unit l'individu au collectif et le collectif à son histoire. La culture fait, indéniablement, partie intégrante non seulement de l'évolution humaine, mais aussi de la biologie et de la physiologie humaines. En quoi croyons-nous ? Comment y croyons-nous ? Comment décodons-nous le monde pour y faire surgir l'ordre ? Comment sculptons-nous cet ordre ? Voilà autant de questions qui influencent directement l'évolution de la collectivité humaine.

Selon Jesper Hoffmeyer, professeur de biologie moléculaire à l'Université de Copenhague, il existe deux types d'héritages. Le premier est vertical (ou génétique) et il se transmet essentiellement dans le temps. Le deuxième est horizontal (ou chimique, comme l'échange d'informations entre protéines) et il existe surtout dans l'espace. Selon Hoffmeyer, ces héritages sont essentiellement sémiotiques, c'est-à-dire fondés sur l'échange de signes.

Je propose un troisième type d'héritage, lui aussi fondé sur l'échange de signes. Je songe ici à l'*héritage culturel* se propageant à la fois dans le temps et l'espace et appartenant, simultanément et indistinctement, à l'individu et à sa collectivité. Tout autant que l'héritage génétique, l'héritage culturel implique l'enchevêtrement de l'individu dans sa collectivité (collectivité humaine mais aussi collectivité environnementale) et la perméabilité de l'un face à l'autre. Cet héritage enchevêtre l'être dans son environnement et suggère que ce dernier soit inséparable physiquement et ontologiquement de la culture dont il est issu. Par le biais de la culture, l'être vivant ne prolonge donc pas simplement ses gènes dans l'environnement[11], il y prolonge aussi son ontologie. Au moyen de la culture, l'environnement est l'extension de l'« être » humain.

Il ne s'agit donc plus ici de considérer les artefacts produits par les êtres humains comme de simples objets ni même comme des extensions du corps. Il s'agit d'observer, à travers leur omniprésence, l'émergence d'une nouvelle dynamique, là où les « choses » évoluent et copulent avec les êtres humains, accouchant d'êtres nouveaux, immenses, parfois informes, faits de bactéries, de métal, de sang, d'informations, de signes et de machines. L'être qui apparaît n'est ni un cyborg, ni un animal, ni un insecte ; il est une entité nouvelle née d'une union entre le génétique et le sémiotique.

Un être vivant est formé non seulement par les gènes de ses parents, mais aussi par les représentations de sa culture. Un être vivant n'est donc pas un individu, mais bien la pointe visible d'un collectif de signes.

Un être vivant est un courant glissant dans une mer d'organes, de culture et de désirs ; il est une entité faite de gènes et d'idées. Un être vivant est un collectif de mèmes.

~

Qu'est-ce qu'un mème[12] ?

Un mème est une information idéologique, culturelle ou politique qui, comme un gène ou un virus, se propage d'un corps à un autre pour se disséminer[13]. Comme le gène, le mème est, d'abord et avant tout, un réplicateur.

Ce concept de mème m'intéresse beaucoup. Grâce à ce dernier, il est clair que la définition « classique » du vivant peut être repensée. Doit-on ainsi considérer que les idées construisent des « véhicules » vivants, comme le font les gènes ? Les idéologies, les religions, les concepts sont-ils vivants ? Consomment-ils des ressources de la biosphère ? En produisent-ils en retour ? Sont-ils fondamentaux pour l'équilibre de la biosphère ?

Si le mème est comme un gène, c'est-à-dire essentiellement informations et réplications, et si, tout comme lui, il « existe » dans l'environnement dont il modifie les données, alors il doit, lui aussi, en subir les pressions. Comme un gène, un mème est donc soumis à la sélection naturelle. Comme un gène, un mème doit survivre à l'environnement et à ses mutations et il doit s'adapter à ses prédateurs et à ses proies.

Cela implique que les idées, comme les gènes, ont tendance à se fondre dans leur environnement et à vivre en symbiose avec lui. Comme un nid d'oiseau « tire » l'environnement dans sa direction (dans la direction de l'oiseau et du nid ; si un nid survit, c'est que l'environnement, le nid et l'oiseau se fondent de plus en plus l'un à l'autre), une idée qui survit à son environnement va elle aussi tirer cet environnement dans sa direction. Une fois qu'une direction idéologique (ou biologique) est prise, il est alors quasiment impossible de s'en détacher, puisque tous les acteurs engagés dans cette démarche vont tendre à se ressembler et à se fondre les uns dans les autres. Un mème, comme un gène, transforme son environnement immédiat pour augmenter ses chances de survie.

Or, qu'est-ce qui permet à une idée de résister aux pressions de son environnement ?

La *séduction*, voilà l'élément de base de la survie du mème.

> Considérons l'idée de Dieu. Nous ne savons pas comment une telle idée a pu émerger dans le réservoir des mèmes. Son origine est probablement multiple et est due à d'innombrables « mutations ». De toute façon, c'est une idée très ancienne. Mais comment se reproduit-elle ? Par la langue écrite et parlée, relayée en cela par de grandes œuvres musicales et artistiques. Mais pourquoi ce mème a-t-il une capacité de survie si grande ? [...] La capacité de survie du mème « Dieu » dans le réservoir des mèmes tient à son immense attrait psychologique. Ce

> même apporte une réponse superficiellement plausible à des questions profondes et troublantes sur l'existence. Il propose que les injustices de ce monde soient réparées dans le monde suivant. La «justice divine» est comme un tampon face à nos propres insuffisances, un tampon de la valeur d'un placebo certes, mais qui n'en est pas moins efficace pour autant. (Dawkins, 1976, p. 192-193.)

La séduction dont il est question ici fait référence à l'efficacité dans la reproduction. Si un gène permet à son hôte de survivre plus longtemps, il aura alors l'occasion d'être disséminé plus souvent. C'est exactement le même processus qui est à l'œuvre avec le même: si un même veut survivre, il doit faire survivre son hôte plus efficacement qu'un autre même. Un même est une dynamique qui affecte, influence, transforme et construit les êtres vivants et leur environnement.

Qu'est-ce qui est à la base du même? À quoi le même doit-il son existence?

Posons-nous d'abord la question suivante: les animaux, les insectes, les végétaux utilisent-ils des mèmes? Se servent-ils de ce genre de réplicateurs ou s'agit-il d'une caractéristique qui n'est propre qu'à l'être humain? Tout dépend ici de la définition que nous donnons au sujet du même. Les mèmes dont nous nous servons aujourd'hui existent uniquement parce qu'ils sont le résultat d'une histoire culturelle. Comme c'est le cas pour un être vivant, la forme et la fonction d'un même sont inextricablement liées à l'évolution. Un même, comme un être vivant, n'apparaît pas subitement. Son habileté à s'extraire du désordre ambiant et, surtout, sa complexité sont le produit d'une longue évolution idéologique et sémiotique. Dans le même, nous pouvons voir et lire une histoire et une évolution culturelle.

Un même, tout comme un être vivant, est une somme de fonctions, de formes et de complexités.

Mais, si tel est le cas, qu'est-ce qui en est à la base ? Faisons-nous face aujourd'hui à des mèmes évolués ? En existerait-il des primitifs qui seraient communs à tous les êtres ?

Pour répondre à cette série de questions, il est nécessaire de s'arrêter brièvement sur le mot « représentation ».

~

Un organisme tente généralement de contaminer son milieu de façon chimique, visuelle, olfactive ou sonore. La « contamination » illustre la capacité qu'a l'organisme de « comprendre » qu'il est partie intégrante, mais aussi spécifique, de l'environnement (qu'il est une unité comprise dans l'environnement, mais aussi indépendante de celui-ci).

Une représentation est donc la trace d'un « être » qui s'extrait de son environnement afin de transformer ce dernier.

Les peintures de Lascaux sont des représentations. Ainsi en est-il aussi d'une ruche, du pollen laissé par certaines fleurs dans l'atmosphère ou du hurlement d'un loup à la pleine lune.

Mais quel rapport spécifique existe-t-il entre représentations et êtres vivants ?

Dans *L'Erreur de Descartes, la raison des émotions*, Antonio R. Damasio avance que l'intelligence des êtres vivants émerge de l'interaction continuelle entre le corps et l'environnement. Selon Damasio, des processus mentaux existent parce que l'état du corps doit être continuellement géré. Le système nerveux « lit » les états du corps et réagit en fonction d'eux (par exemple, si le taux de sucre baisse, le système nerveux comprend ce déséquilibre et tente d'y remédier). Le système nerveux se crée des représentations du corps, puisqu'il doit, pour le gérer avec efficacité, être capable de se l'« imaginer ». Le système nerveux doit donc se séparer du corps ; il doit créer, dans ses actions et réactions, une représentation « externe » de celui-ci (il ne s'agit pas de verser dans l'anthropomorphisme et d'affirmer que le système nerveux a des intentions. Il ne s'agit pas, non plus, de retomber dans la dualité cartésienne et de soutenir que le corps et l'esprit sont deux entités séparées. Il s'agit plutôt d'analyser le rôle que jouent les représentations dans notre existence). Le système nerveux régit les états du corps et c'est à partir de cette gérance que les premières consciences apparaissent.

> Si la raison originelle de l'apparition du cerveau dans l'évolution a été d'assurer la survie du corps proprement dit, l'acquisition évolutive ultérieure par cet organe d'une capacité à élaborer des représentations mentales a certainement eu pour objectif la prise en compte du corps. Et pour assurer la survie du corps du mieux possible, je suggère que la nature a trouvé par hasard une solution extrêmement efficace : *représenter le monde extérieur par le biais des modifications que celui-ci provoque dans le corps proprement dit*, c'est-à-dire représenter l'environnement en modifiant les représentations fondamentales du corps chaque fois que prend place une interaction entre l'organisme et l'environnement. (Damasio, p. 289.)

Pour Damasio, toute activité mentale dépend, originellement, de cette interaction entre l'environnement et le corps.

Daniel C. Dennett aborde des questions similaires dans *Kinds of Minds*. Dans ce livre, Dennett cherche à distinguer les différents genres de cerveaux (*minds*) possibles. Mais revenons brièvement aux propos de Damasio avant de continuer. Les interactions entre les états du corps et l'environnement mettent en jeu des représentations, puisque l'activité neuronale, qui gère le corps, doit posséder une « image » de ce dernier (deux images en fait, soit une de l'état récent du corps et une autre d'un état « parfait »). Les êtres vivants, pour pouvoir exister (c'est-à-dire répondre et résister aux pressions de l'environnement), doivent donc, indéniablement, posséder et manier des représentations d'eux-mêmes. Cela veut-il dire que tous les êtres vivants ont une conscience ? Non, évidemment, car il y a, dans l'univers, divers degrés de représentations. Dennett nomme ces degrés *first order* et *second order.*

Un être humain peut manier trois degrés de représentations, ce qu'un animal ne peut faire (et ce, nous dit Bennett, parce qu'un être humain possède le langage qui lui permet d'abstraire un « objet » de son environnement et de le considérer comme un concept). Les êtres vivants, tant humains qu'animaux et végétaux, manient donc des représentations, mais à des degrés variés. Un végétal utilise des représentations primaires afin de résister à son environnement. Un animal possède des représentations primaires et secondaires qui lui permettent non seulement de résister à son environnement, mais aussi de le décoder et de l'« encoder » (les diverses façons de marquer et de « lire » un territoire, par exemple). Quant à l'être humain, il possède en outre des représentations tertiaires qui lui permettent de se représenter les représentations (il peut se poser des questions telles que : Qu'est-ce qu'un concept ?).

Pour pouvoir utiliser des représentations (primaires, secondaires ou tertiaires), les êtres vivants doivent être capables de se percevoir face à l'environnement. Il ne s'agit pas de prétendre qu'une fleur a une conscience d'elle-même et qu'elle sait qu'elle existe en tant que fleur. Il s'agit plutôt de suggérer qu'une fleur se « détache » de son environnement chaque fois qu'elle lui répond et lui résiste (en se tournant vers le soleil, par exemple). La fleur ne « sait » pas qu'elle existe, mais son intégrité biologique, elle, le sait.

Revenons quelques instants à la question de départ : qu'est-ce qu'un mème ? En quoi est-il différent d'une représentation ? La représentation est fondamentale à l'essor des êtres vivants. C'est grâce à elle qu'ils peuvent se hisser hors du chaos primordial. La représentation permet de créer l'ordre dans le désordre. Elle donne aux réplicateurs la possibilité de bâtir des véhicules de survie efficaces et complexes[14].

Les êtres vivants existent par leurs représentations, mais ils sont aussi consommateurs et producteurs de représentations. Si, comme je l'ai postulé plus haut, la représentation est la faculté de se détacher de son environnement, les traces de ce détachement sont des phares qui permettent aux autres de savoir que j'existe. Lorsque je me disjoins de l'environnement, lorsque j'« existe » face à lui, je produis des représentations (moi et mes traces) qui sont consommées par d'autres êtres vivants. Cette consommation (visuelle, olfactive, auditive, chimique, peu importe) permet à ceux qui l'ont entreprise de définir leur propre existence. Ainsi, l'existence de tout être dépend non seulement de sa propre faculté de s'abstraire de l'environnement, mais aussi de celle des autres d'en faire autant. Les représentations unissent les êtres vivants. Elles les rendent inextricables et enchevêtrés.

~

Alors quelle est la différence entre représentation et mème ? Un mème est *une stratification de représentations.* Un mème ne peut être engendré qu'au moyen de représentations du deuxième degré. Un mème n'est pas ce qui gère le corps ou lui donne une perception de soi ; il est ce qui prolonge le corps dans les écosystèmes.

La complexité de la vie n'est autre qu'une dynamique de mèmes. La vie émerge, indéniablement, de diverses réactions chimiques, cela personne ne le conteste. Mais la richesse de la vie, elle, n'est possible qu'à travers la complexification des représentations. De l'élément de base (une molécule, par exemple) à l'être vivant, le saut est possible uniquement s'il y a des réactions de plus en plus complexes face à l'environnement (ce qui peut vouloir dire « créer » un corps, une peau, des yeux, des organes, développer une conscience, etc.). Nous ne sommes, en fait, que des éléments de base ayant créé des représentations de nous-mêmes de plus en plus complexes. Nous sommes, en fait, non pas des véhicules de survie, mais bien des mèmes de survie, des idées de survie, des consciences de survie. Encore une fois, il ne s'agit pas de concevoir une séparation corps/esprit. Ce que je propose ici est différent. Il n'y a pas d'esprit emprisonné dans le corps, mais bien un corps qui n'est autre chose qu'une complexification de la conscience. L'élément primitif se crée une conscience de son état et, à partir de cette conscience, le corps se développe. La vie organique (animale et végétale) n'est rien d'autre que des consciences complexifiées à un point tel que des formes organiques en ont émergé. Nous ne sommes pas simplement des structures biologiques, mais bien aussi des formations d'idées.

La conscience du cyberespace

> En un certain sens, la terre a développé une réponse immunitaire contre l'espèce humaine. Elle est en train de réagir au parasite humain, à l'invasion infectieuse que nous sommes, aux morceaux de béton dispersés partout sur la terre, aux pourritures cancéreuses de nos villes, gonflées de primates se reproduisant sans cesse ; en fait, peut-être réagit-elle à cette colonie humaine qui ne cesse de grandir et de s'élargir et qui menace de frapper la biosphère d'extinctions massives. Peut-être la biosphère n'« aime »-t-elle pas l'idée d'une population humaine de cinq milliards d'habitants. [...] La nature possède d'intéressantes

> façons de s'équilibrer. La forêt humide possède ses propres moyens de défense. Le système immunitaire de la terre, si on peut parler ainsi, a reconnu la présence humaine et s'est mis en marche. La terre tente de se débarrasser du parasite humain. Le SIDA est peut-être la première étape de ce processus d'évacuation.
>
> RICHARD PRESTON

Le cyberespace, cette géographie faite de mèmes, d'algorithmes et d'intelligence, ce « pays » de la culture, là où s'entrelacent êtres humains et machines, le cyberespace, qui nous fascine tant, est-il vivant ? Peut-on le considérer comme un être nouveau, existant dans une biologie nouvelle ?

Comme un être vivant, le cyberespace (ou Internet) se régit, se contrôle, opère sur lui-même des rééquilibrages sans lesquels il chuterait dans l'informe. Comme un être vivant, il est délimité dans sa forme extérieure mais infini dans ses « anfractuosités », dans ses détails et dans ses démultiplications. Comme un être vivant, le cyberespace est un système-colonie, abritant en lui d'innombrables autres dynamiques, d'innombrables autres systèmes, d'innombrables autres phénomènes. Le cyberespace n'est pas réel ou irréel, matériel ou virtuel, organique ou inorganique ; il est autre chose, ailleurs, différent, genre de méta-système, à la fois réseau et organisme. Tout au long de ce livre, je suggère de voir la vie comme un spectre très large qui accepte en son sein d'innombrables gradations. Le cyberespace existe dans ce spectre, réseau et individu, hôte et parasite, à la fois vivant et électronique.

Le cyberespace est-il conscient ? Comment se développe la conscience ? Rappelons-nous les propos d'Antonio R. Damasio à ce sujet. La conscience se développe dans l'interaction entre le système immunitaire d'un organisme et les pressions de l'environnement sur celui-ci. Un être est conscient dans la tension entre immunité et environnement.

Tous les jours, le cyberespace subit d'innombrables attaques qui compromettent son intégrité globale ou locale ; tous les jours, il doit résister à des infections virales (virus informatiques) et bactériologiques (*hacking*), il doit réguler son état pour éviter des empoisonnements (surcharge du réseau) et il doit combattre des actions cancérigènes (comportements destructeurs de certains usagers). Tous les jours, le cyberespace combat ces déséquilibres au moyen d'une série de mécanismes qui protègent son intégrité globale ou locale. Quels sont ces mécanismes ? Il n'y a qu'à penser aux logiciels qui permettent de filtrer le courrier électronique, aux logiciels de protection contre les mineurs, à l'encodage, aux lois et règlements de divers sites, aux *firewalls*, aux mots de passe, les exemples sont nombreux. Plus le cyberespace se développe, plus il se complexifie et s'étend, plus le nombre de ses mécanismes de protection doit s'accroître. Plus ce nombre augmente, plus les interactions entre ces systèmes doivent s'intensifier et s'harmoniser. À sa façon, selon ses besoins, selon ses interactions avec l'environnement, le cyberespace a réussi à développer un système immunitaire.

Le système immunitaire est la terre arable de la conscience[15].

Un logiciel antivirus se doit de « connaître » l'état « parfait » du réseau ou de la machine qu'il protège. Un logiciel de filtrage du courrier électronique se doit de « connaître » l'état « parfait » d'un envoi afin de décider s'il doit ou non le détruire. Partout dans le cyberespace, d'innombrables systèmes et sous-systèmes gardent farouchement l'entrée de leur région et s'attaquent aux intrus qu'ils ont été capables de reconnaître comme tels. Partout dans le cyberespace, divers systèmes de protection possèdent et manient des représentations de ce qu'ils sont, de ce qu'ils doivent être, de ce qu'ils ne doivent, en aucun cas, devenir. C'est la somme de ces systèmes qui engendre la conscience cyberspatiale, car chaque fois qu'un organisme, peu importe lequel, se défend face à son environnement, non seulement conserve-t-il son intégrité, mais il renforce aussi, ce faisant, sa spécificité en tant qu'organisme (ou en tant que système). Chaque fois qu'un système résiste à une attaque virale, il se définit alors plus précisément. C'est la somme de ces systèmes constamment en train de se définir et de se redéfinir qui fait émerger l'être et la conscience.

Le cyberespace est-il conscient et intelligent? Certainement. S'agit-il ici d'une perception du moi identique à la nôtre? Probablement pas. Il s'agirait plutôt d'un moi en ébauche, d'un moi primaire. Le cyberespace possède une conscience de soi, de la même façon que la ruche en possède une, une conscience de sa complexité, de son intégrité, de ses objectifs, mais pas une conscience unifiée comme en possèdent les mammifères. La conscience cyberspatiale, comme celle de la ruche, est fragmentée, multiple, faite d'une quantité de systèmes en interaction. Le cyberespace est-il vivant? Il est *une esquisse* du vivant, un balbutiement du vivant.

Certains s'élèveront contre cette ligne de pensée. Pour eux, le cyberespace n'est qu'un réseau de télécommunications géré par les êtres humains qui, sans difficulté aucune, peuvent s'en débarrasser. Mais cela est faux. La technologie est si enchevêtrée dans la nature qu'on ne peut plus concevoir l'une sans l'autre. Il est impossible aujourd'hui de se débarrasser du cyberespace. Comme un virus introduit dans l'environnement, le cyberespace fait dorénavant partie intégrante de notre monde. Il est complètement enchevêtré dans la toile de l'existant. Personne ne peut le «débrancher ». Tel un organisme vivant, il existe indépendamment de notre volonté.

D'autres critiques défendront l'idée qu'un organisme vivant se doit de posséder une forme précise, car c'est en partie celle-ci que le système immunitaire défend. Cet argument est valable, mais uniquement à l'échelle biologique humaine. Lorsque le niveau de réalité change (au moyen des machines, par exemple), d'étranges organismes semi-vivants à formes diffuses et vacillantes (comme une forêt, un océan, une ruche ou une termitière[16]) apparaissent. Voilà ce qu'est le cyberespace, un organisme aux formes imprécises et ondoyantes, mais vivant au même titre qu'un marais, par exemple.

Notre planète est un ensemble de systèmes qui s'emboîtent, se chevauchent et se ressemblent. Tous ces systèmes sont plus ou moins vivants, plus ou moins complexes, fertiles et immunisés. Le cyberespace constitue l'un de ces systèmes. Tel un être vivant, il mute, se transforme, s'altère et se bricole dans le but ultime de se répandre dans le temps et dans l'espace. Tel un être vivant, le cyberespace ne se complexifie pas selon un plan de départ bien établi, mais plutôt au moyen de directions aléatoires fondées sur ses réactions à l'environnement. Tel un être vivant, le cyberespace est en frottement constant avec son environnement et c'est de ce frottement qu'émerge une conscience originelle. Tel un être vivant, le cyberespace n'est pas n'importe quoi ; il possède sa forme, son style et sa spécificité.

Le cyberespace est une nouvelle dynamique de l'existant, une sorte de brouillard du vivant, s'immisçant partout, pénétrant tous les pores de notre réalité, infectant tous les phénomènes de l'animé et s'en infectant en retour. Le cyberespace est-il vivant ? Oui, comme la terre molle dans laquelle éclot le printemps.

La technologie-environnement

> De la façon dont je la perçois, la technologie a construit la maison dans laquelle nous vivons tous ; une maison qui est continuellement en processus d'agrandissement et de rénovation. De plus en plus d'activités humaines ont cours à l'intérieur de ses murs, à tel point qu'il est très rare aujourd'hui qu'une de ces activités ait lieu à l'extérieur. Tous sont affectés par le style de cette maison, par la division de ses espaces, par l'emplacement de ses portes et de ses murs. Si nous nous comparons à des gens d'époques précédentes, nous n'avons que très rarement l'occasion de vivre en dehors de cette maison. Et cette dernière est encore en train de changer, constamment détruite puis reconstruite.
>
> URSULA FRANKLIN

Quelle est la maison dans laquelle nous habitons aujourd'hui ? Quelle est la couleur de ses murs ? La largeur de ses chambres ? Que voit-on de ses fenêtres ?

Qu'évoque le mot « maison » dans notre imaginaire ? Une maison est un lieu clos dans lequel vit un groupe dont les membres sont généralement interdépendants. Une maison appartient au temps et à l'espace classiques ; elle est d'un lieu et d'un temps (en ce sens qu'elle est le souvenir de l'époque de sa construction). Une maison est comme une scène de théâtre sur laquelle différents « acteurs » vivent et s'expriment à travers les époques. Une maison est une pierre culturelle, elle appartient à la géologie de la civilisation.

La technologie construit-elle une « maison » ? Construit-elle la maison dans laquelle nous vivons ? Concrètement, oui. La maison que j'habite aujourd'hui, dans laquelle j'écris ce livre est, en quelque sorte, la progéniture du phénomène technologique. Il en est de même des immeubles qui m'entourent, des voitures qui grondent sur les routes, des livres que je lis, des institutions que je fréquente et des productions culturelles que je soutiens, financièrement ou autrement. En ce sens, il est indéniable que la technologie construit la maison dans laquelle nous vivons.

Mais cette description est incomplète puisqu'elle ne considère l'expérience humaine qu'au moyen des images que lui offrent le matériel, le concret, le solide. La technologie et ses corollaires construisent certainement un lieu dans lequel nous habitons, dans lequel nous existons et par lequel, bien souvent, nous nous définissons. Mais ce lieu n'est pas une maison. Il n'est pas une enceinte. Il n'est pas une géologie de la civilisation.

Il ne s'agit pas ici de remplacer le terme « maison » par celui, plus fameux, de « village global » (bien que ce concept soit déjà beaucoup plus approprié) ni même de proposer l'idée de « ville globale » (mise en avant par Zbigniew Brzezinski[17]), car tous ces termes (maison, village et ville) sont encore insuffisants pour décrire les répercussions de la technologie dans les écosystèmes. La technologie ne construit pas de maison, elle ne trace pas de frontière entre naturel et artificiel, elle n'est pas étrangère et nuisible au « naturel », à l'environnement et à la vie. La technologie est l'environnement. Elle travaille par celui-ci et dans celui-ci. La technologie vit en osmose avec l'environnement, car elle est tout aussi bien le naturel que l'artificiel. Elle est la dynamique par laquelle l'ordre peut émerger du désordre. Elle est source de phénomènes.

La technologie n'est donc pas simplement une maison, un village ou une ville. Elle n'est pas un corps étranger qui se greffe tant bien que mal sur un environnement naturel qui la rejette. Au contraire, la technologie est, en quelque sorte, un pont dynamique et souple entre l'ordre et le désordre, entre le vide et le « quelque chose ». La technologie s'inscrit autant dans le biologique que dans le non-biologique, autant dans l'intelligent que dans le non-intelligent. Elle n'est ni l'arme, ni le boulon, ni l'ordinateur ; elle est la dynamique qui, du désordre de l'environnement, de la pensée, de la vie, permet l'apparition de l'arme, du boulon et de l'ordinateur.

Il me semble donc fautif de la percevoir comme un « objet » ou comme une maison. La technologie n'est pas fondamentalement ancrée dans le matériel (ce n'est pas l'ordinateur qui « est » la technologie), elle est plutôt fondamentalement enchevêtrée dans les phénomènes, puisque c'est l'échange efficace d'informations – cet échange qui permet à une idée, à un concept, à un matériau, bref, à un ordre d'émerger – qui est la technologie. La technologie est inextricablement liée à nos représentations du monde. Elle naît dans ces dernières.

Les technologies et les représentations sont des dynamiques à travers lesquelles toute la biosphère se structure et évolue. Les technologies et les représentations existent et agissent tant dans les sociétés humaines que dans les phénomènes du vivant. Elles sont les voies par lesquelles les signes se dévoilent, se structurent et acquièrent sens et code. Les technologies et les représentations sont les vecteurs du sens et de sa contamination.

~

> L'âme de l'homme est engendrée par les machines ; l'humain lui-même est façonné par les machines. Il pense et perçoit de manière propre en raison justement de l'influence des machines sur son existence qui est tout aussi dépendante d'elles que la leur de lui. [...] Ainsi, la civilisation et le progrès mécanique avancent main dans la main, chacun se développant grâce à l'autre [...]. En fait, les machines doivent être considérées

comme le mode de développement par lequel l'organisme humain évolue, chaque invention augmentant les ressources disponibles pour le corps humain. (Butler, p. 180 et 196.)

Nous ne sommes plus simplement liés aux machines et soudés à l'existence qu'elles nous offrent; nous coévoluons littéralement avec elles. Il ne faut plus considérer la technologie et l'être humain comme deux entités séparées qui tendent à se rejoindre, mais bien comme un seul être. Nous sommes machines et la machine est en nous. La machine respire...

L'être virtuel

> Si nous créons une simulation d'oiseau dans un espace virtuel, tout ce que peut être cet oiseau, même si nous le dessinons par des millions de polygones et grâce à des programmes informatiques ultrasophistiqués, c'est la somme de nos connaissances très restreintes sur les oiseaux – l'oiseau virtuel n'ayant ni mystère, ni vie autonome, ni pulsation étrange. Ce qui me préoccupe le plus, c'est qu'un jour notre culture perçoive cet oiseau virtuel (qui obéit à nos programmes) comme égal et peut-être même comme supérieur à l'oiseau véritable. Ce faisant, nous allons nous appauvrir, échangeant des mystères contre des certitudes et des êtres vivants contre des signes et des symboles.
>
> CHARLOTTE DAVIES

Le virtuel n'est-il qu'une pâle imitation du réel? Un être «né» dans un environnement virtuel, qui n'existe que dans celui-ci et qui n'émerge dans notre univers que par l'entremise d'un écran, n'est-il qu'une copie vide et fausse du vivant?

Un être virtuel (tel l'oiseau dont parle Charlotte Davies) n'est pas un modèle du vivant. Il est l'expression d'un *nouveau* vivant, un vivant modelé de signes, de cultures et d'intelligences. Un être virtuel possède un mystère, celui de la coévolution homme-machine et des redéfinitions du corps, de l'organique et de l'évolution que cela implique. Kevin Kelly, par exemple, qualifierait cet être de « vivisystème », puisque, en lui, existent de nombreuses caractéristiques propres aux êtres vivants, et ce bien qu'elles soient indépendantes de toute matière organique. L'être virtuel, par ce qu'il est, par ce qu'il représente, par ce qu'il exprime de flou et d'instable, nous force à repenser nos fondements épistémologiques (là où domine une perception du monde définie par le biologiquement vivant), car il suggère que la vie peut déborder les frontières organiques dans lesquelles nous l'avions enfermée.

L'être virtuel est le produit de la coévolution de l'homme et de la machine. L'humain et la machine sont ses géniteurs.

Ce n'est donc pas la matérialité (ou l'immatérialité) de l'être virtuel qui importe ni la possibilité que nous nous en servions pour remplacer un être véritable. Ce qui importe, c'est ce qu'il suppose en tant qu'être neuf, fait à la fois de culture et d'organique, de biologie et de codes informatiques. L'être virtuel vient ébranler nos fondements ontologiques, puisqu'il offre la possibilité de l'« algorithmiquement », du numériquement, du culturellement vivant. L'être virtuel est réel, mais il s'agit d'un réel différent, à la fois organique et technologique. Cet être est un animal-culture, un enfant-culture ; il est un des premiers êtres non organiques à émerger. L'être virtuel est une des premières traces laissées par l'évolution culturelle.

L'être virtuel est la preuve que de nouveaux écosystèmes émergent, faits d'organes et d'électricité, de sang binaire et de pulsations numériques ; des écosystèmes dans lesquels apparaissent des « animaux » étranges, ni totalement hommes ni totalement machines, enfants vivants mais inorganiques, nés de l'accouplement de l'algorithme et de la cellule.

Tristesse de la machine

Dans un livre très touchant intitulé *The Man who Mistook his Wife for a Hat*, le neuropsychologue Oliver Sacks raconte plusieurs histoires d'hommes et de femmes souffrant de lésions, de malformations ou de maladies cérébrales et qui, en raison de celles-ci, perçoivent le monde de façon souvent extrêmement étrange. Ces patients, dont Sacks trace un portrait très émouvant, nous semblent marginaux, étonnants, singuliers, non pas à cause de leur apparence physique, mais bien parce que leur représentation du monde est profondément différente de la nôtre. Ces patients de Sacks sont des êtres humains complets, mais différents. Leur lien avec l'humanité est moins vertical qu'il n'est horizontal.

Ces hommes et ces femmes n'habitent pas avec nous dans un monde ordonné selon une série de représentations plus ou moins universelles. Au contraire, ils habitent chacun un monde réel, mais complètement individuel, un monde auquel personne d'autre n'a accès (un patient voit soudain l'acuité de son odorat se décupler, un autre est bloqué dans les années quarante, un troisième répète sans cesse des chansons de jeunesse, certains communiquent entre eux au moyen de chiffres, d'autres découvrent, après soixante ans, l'usage de leurs mains, etc.). Ces êtres humains, dont le cerveau a été endommagé, ne sont ni plus ni moins prisonniers de leur monde que nous du nôtre, mais ils ont le malheur d'avoir à vivre dans le nôtre, là où ils ne peuvent exister avec aise. Ces hommes et ces femmes partagent avec nous leur corps, leur intelligence, leur « âme », mais c'est le monde lui-même qu'ils ne peuvent partager. Ils sont des étrangers dans notre univers, immigrants souffrant d'un mal du pays infini…

Le livre de Sacks illustre clairement que l'existence du monde est intimement liée à l'existence des représentations. Je ne prétends pas que le monde physique n'existe pas ; loin, très loin de moi l'idée d'émettre une telle opinion. Le monde matériel existe, pour s'en persuader il n'y a qu'à parler à quelqu'un qui a été torturé… Le monde existe, mais c'est le cerveau qui lui donne son âme, sa couleur, son goût et sa lumière, et c'est parce que nous avons tous un cerveau presque similaire que nous pouvons proposer des universalités. Or si le cerveau donne au monde son âme, il peut aussi la changer, la lui enlever, la pervertir à un point tel que la phénoménologie ainsi produite sera incompatible avec celle de la majorité des autres membres de l'espèce. Un cerveau différent donne une «âme» différente au monde. Un cerveau malade ou incomplet produit une représentation du monde qu'il ne peut partager avec d'autres cerveaux. Voilà, en fait, ce qui arrive aux patients de Sacks.

Je fais un détour par le livre de Sacks, car cette « personnalisation» des représentations me semble d'un très grand intérêt ici, en particulier lorsqu'on examine l'enchevêtrement des technologies dans l'être humain. Les technologies transforment la phénoménologie. Cela, je crois, ne fait aucun doute. Les technologies permettent au cerveau d'avoir accès à des échelles différentes, multiples et inconnues du réel et cet accès altère, par sa présence même, l'encodage du monde. Ce phénomène n'est cependant pas nouveau, les technologies étant aussi âgées que les êtres humains. Ce qui est nouveau, toutefois, c'est la prolifération et la personnalisation de ces dernières. Les technologies se rapprochent de nous. Elles s'adaptent et s'ajustent à nous, mais elles nous forcent aussi à nous adapter à chacune d'elles. Les technologies se personnalisent autant que nous devenons machines. À travers ces technologies, nous partageons donc de moins en moins d'absolus et d'universaux. Par leur entremise, nous pouvons choisir, individuellement, comment naître, vivre, mourir, comment voir le temps et l'espace, comme tomber amoureux, nous reproduire, prier. Nous devenons de plus en plus comme ces hommes et ces femmes d'Oliver Sacks, explorateurs naviguant dans des mondes qui leur sont propres, heureux (ou malheureux), des mondes qui ont goûts, couleurs et chaleurs, mais qui leur sont uniques. Les patients de Sacks sont, en quelque sorte, des prototypes de l'être-culture.

Nous passons d'un monde où les êtres humains se diversifiaient selon leurs absolus (absolus qu'ils partageaient) à un monde où les êtres humains diversifient les absolus. Comme ces patients d'Oliver Sacks, nous sommes physiquement très proches les uns des autres, mais, tout comme ces patients, nous vivons tous dans des mondes de plus en plus différents et multiples. Nous n'assistons pas à la fin des grands récits idéologiques, mais bien à leur prolifération, à un point tel que des représentations aussi fortes et solides que le temps, l'espace, la vie et la mort se trouvent elles aussi multipliées. Aujourd'hui, comme ces êtres humains au cerveau différent, nous voyons l'espace, nous percevons le temps, la vie et la mort selon des « langues » qui ne sont et qui ne peuvent plus être universelles.

~

> Un des esprits radicaux de la pensée contemporaine a proposé que la tâche principale de cette triste époque qu'est la nôtre est de « réapprendre à être humain ». (Steiner, p. 4.)

Le cerveau ne fait pas que décoder et lire le monde qui l'entoure (et laisser des traces de lui-même), il ne fait pas que donner forme au monde, il lui donne aussi un sens et ce sens, ce sont les souvenirs qui le bâtissent. Les souvenirs sont des émotions prolongées qui permettent à l'être humain d'exister dans les strates du temps et de l'espace. Le cerveau ne crée pas le monde, mais le décode (et lui donne sa richesse et son sens) au moyen de représentations dans lesquelles se logent les souvenirs.

« Comment peut-on avoir une mémoire sans souvenirs ? » dit Michel Serrault à sa secrétaire travaillant à son ordinateur (dans le film *Un cœur en hiver* de Claude Sautet). Petite boutade amusante qui cache cependant un phénomène important. Sommes-nous justement sur le point de confondre mémoire et souvenirs ? Sommes-nous sur le point de confier nos souvenirs, plutôt que la capacité de se souvenir, à nos machines ? Il y a quelques années déjà, Susan Sontag a analysé l'impact de la surutilisation de la photographie dans nos vies. Sontag voyait, dans cette surutilisation, la transformation profonde de nos expériences (la photo d'un événement est plus importante que l'événement lui-même, disait-elle). Nous vivons par machine interposée, soutenait-elle déjà. Qu'arrivera-t-il lorsque les souvenirs, qui donnent à l'être sa profondeur, sa présence et son existence dans le monde, n'existeront plus que dans des banques de données ? Comment cela nous transformera-t-il ? Comment nous transformerons-nous dans la multiplication des mondes et dans l'abandon des souvenirs ? Lorsque nous examinons l'enchevêtrement biologie/culture, examinons-nous l'*off-loading* de notre phénoménologie dans les technologies ?

Nous possédons en nous aujourd'hui, cela je crois est indéniable, des souvenirs parfaitement communs, enregistrés, interprétés, puis conservés par des machines. Il existe, dans notre monde actuel, de véritables banques de souvenirs auxquelles tous peuvent accéder, dans lesquelles tous peuvent puiser. Des images telles que celles du jeune Chinois devant un tank au cours d'une manifestation sur la place Tian'anmen, celles de l'assassinat de Kennedy ou des cieux de Bagdad s'éclairant sous les fusées de canons antiaériens; des voix comme celle de Martin Luther King à Washington ou celle de Neil Armstrong sur la lune. Ces souvenirs sont pour toujours figés dans leur enregistrement, protégés contre l'usure du temps et les manipulations du cerveau humain. Ils appartiennent aujourd'hui à la mémoire collective humaine et sont mis à la disposition de tous dans un genre de marché de la mémoire, là où (comme le disait Susan Sontag) c'est l'enregistrement de l'événement qui devient souvenir, c'est la mémoire (dans le sens informatique du mot) qui devient souvenir. Nous avons de moins en moins de souvenirs propres et de plus en plus de souvenirs communs (dans leur forme et leur présentation) avec un nombre immense d'hommes et de femmes. Les souvenirs sont les matériaux, les plans, les couleurs et les lumières de l'univers que nous fabriquons.

Mais qu'arrive-t-il lorsque les fondements et les matériaux sont identiques? Comment cela nous touche-t-il? Que devenons-nous quand, d'un côté, les représentations du monde qui nous entoure sont de plus en plus communes et que, de l'autre, les sources dans lesquelles nous puisons ces représentations sont de moins en moins nombreuses?

Les souvenirs et les émotions constituent aussi un langage universel. Un des éléments les plus intéressants du livre d'Oliver Sacks est l'extrême sensibilité de tous ses patients à l'émotion véhiculée par une œuvre d'art. Poème, mélodie, sketch, chant, danse, etc., tous les patients se transforment et semblent renaître au contact de l'art. Chacun, soudain, se débarrasse de son ou de ses handicaps et semble plonger dans un « lieu » différent, universel, là où il peut rencontrer d'autres êtres humains, les voir, leur parler et communier avec eux, tant à travers le temps qu'à travers l'espace. Les patients de Sacks, au contact de l'art, retrouvent un sens et une direction; ils réintègrent, pendant la durée de l'œuvre, la société humaine; ils sont, soudainement, égaux aux autres, libérés de leurs handicaps. Les voici, tout d'un coup, entrant en communication avec la communauté d'hommes et de femmes qui les entourent.

Il y a dans l'art, nous démontre le livre de Sacks, une universalité qui fait fi de toute aberration, de tout malheur, de toute mutation. L'art est un courant universel.

La mélancolie, la tristesse, la joie, la terreur, la colère sont un espéranto que tout être humain (que tout mammifère même) peut lire, comprendre et partager. Mais l'émotion et l'art ne sont rien d'autres que le souvenir. Les êtres vivants se souviennent, et c'est ainsi qu'ils peuvent exister consciemment dans le temps et l'espace. Le souvenir est essentiel à l'émergence de l'ordre et de la complexité. Sans souvenirs, un être ne peut apprendre, il ne peut s'adapter aux pressions de son environnement. Sans souvenirs, un être ne peut « évaluer » les états de son corps (puisque cette évaluation dépend de l'interaction entre avant et maintenant) et développer intelligence et conscience. Les souvenirs sont le fil d'Ariane qui lie tous les êtres humains; ils sont féconds en plaisirs, en douleurs et en tristesses. Les souvenirs sont notre existence et l'art est leur véhicule. Il est leur système de réplication.

Lorsque j'écoute une symphonie, que je lis un poème ou que je regarde un film, je ne vois, n'entends ni ne lis les mots, les images ou les sons. Ce que je perçois, c'est plutôt un genre de « souvenir » universel qui relie les êtres les uns aux autres. Le souvenir est la matrice, il est ce langage mouvant, instable et éphémère, continuellement renouvelé et pourtant éternellement reconnu et décodé. Ce sont les souvenirs et leur influence qui sont à la base de tous les changements fondamentaux que nous subissons aujourd'hui. Mais nous vivons maintenant dans un monde où les souvenirs ne nous appartiennent plus. Les souvenirs que nous possédons sont « a-humains ». Ce sont des événements créés, manipulés, conservés hors de l'humain. Nos souvenirs actuels, ceux qui nous donnent forme et essence, sont des productions machiniques (car l'enregistrement, le stockage, le rappel, la modification sont tous des processus accomplis par les machines et les technologies). Nous habitons un monde du souvenir in-humain. Si mémoire du monde il y a aujourd'hui, c'est une mémoire de machines. Sans ces dernières, je n'existe pas, car, sans elles, je ne possède aucun souvenir. Notre existence, dans ses structures les plus intimement humaines, appartient aujourd'hui aux machines. Sans elles, je n'ai plus de passé, je perds la trace et le chemin de mes émotions. Pas étonnant alors que nos œuvres d'art, ces véhicules du souvenir, soient de plus en plus technologiques, machiniques, informatiques. Nos mondes se multiplient, et dans les chemins les plus fondamentaux de la présence humaine se logent les machines. Lorsque je me souviens, lorsque je suis ému, c'est à travers une machine.

Nous tombons amoureux de nos machines, nous désirons nous accoupler avec elles, nous voulons devenir métal, non pas simplement parce que les machines possèdent des sens et des capacités augmentés, décuplés (elles voient et entendent « mieux », elles courent plus vite, sont plus fortes, etc.), mais bien parce qu'elles possèdent nos souvenirs et nos émotions. C'est en elles que se love la présence humaine. Le désir d'être machine, ce fantasme qui semble si prédominant dans notre société, illustre la soif de trouver des souvenirs, de les utiliser et de s'en nourrir. Le désir d'être machine correspond au besoin d'être humain. Ce sont les machines qui, aujourd'hui, nous permettent d'accéder à notre humanité. Les machines ont nos souvenirs, elles possèdent les matériaux fondamentaux qui nous donnent essence et présence, elles détiennent les structures qui nous procurent sens et perspective.

C'est d'ailleurs cette mouvance du souvenir et des émotions qui est, je crois, une des bases de la postmodernité. La postmodernité, dans son exploration infinie des surfaces, des sens et des contresens, est à la recherche d'émotions humaines. Ce n'est pas seulement une carte cognitive qu'il faut refaire (comme le suggère Fredric Jameson), mais aussi une carte sensible, une carte du souvenir, carte dont les chemins traversent inexorablement le territoire des machines. Lorsque les théoriciens de la technoculture explorent le phénomène du posthumain et du postbiologique, lorsqu'ils explorent des concepts tels que la vie et l'intelligence artificielles, ils proposent non pas seulement l'émergence d'êtres mi-organiques, mi-machines, mais aussi l'apparition d'une spécificité qui se définit selon des représentations et des souvenirs appartenant à la fois à l'être vivant et à la machine.

Toute la représentation de la postmodernité, ce que certains auteurs nomment *Panic Bodies*, *Retrofuture*, *Inverted Millennarism*, illustre un besoin effréné de trouver des émotions et des souvenirs que l'on pourrait appeler siens. Les êtres humains cherchent désespérément ces souvenirs et ces émotions, et ce tout aussi bien dans l'art que dans le commerce, aussi bien dans la guerre que dans la mode, dans l'histoire que dans la pauvreté. Ce sont les machines, les technologies, les institutions, les phénomènes commerciaux qui, aujourd'hui, sont féconds de souvenirs et d'émotions, c'est vers eux que la postmodernité se tourne pour se procurer sens et présence. Comme nombre de patients d'Oliver Sacks, nous voilà privés de souvenirs, nous voilà occupés à construire et à explorer d'innombrables mondes dans l'espoir d'y trouver des souvenirs, quels qu'ils soient.

Du coup, il n'est guère étonnant que, dans tant d'œuvres, les protagonistes tombent amoureux de leurs machines, de leurs robots et de leurs cyborgs. Je dis guère étonnant, car ce sont les robots qui, dans ces œuvres, sont porteurs d'humanité. Que ce soit dans *Blade Runner* où les androïdes s'interrogent sur la vie, la mort, l'amour et l'existence (au contraire des êtres humains dont les seules fonctions sont de tuer et de corrompre) ou que ce soit dans *Robocop* où le cyborg est le seul être moral, ou même dans *Terminator 2* où le robot, joué par Arnold Schwarzenegger, fait un père parfait, dans de nombreuses œuvres modernes, ce sont les machines qui possèdent sensibilité et morale[18].

L'humanité, cette spécificité qui nous forme et nous construit, se déplace vers les machines. Marvin Minsky et Hans Moravec avancent que nous donnons naissance actuellement, à travers les robots que nous créons, à des enfants cognitifs. Peut-être faudrait-il être plus précis ici et parler, dans le cas des machines et des technologies que nous créons, non pas d'enfants cognitifs, mais bien d'*enfants-émotions*, d'*enfants-représentations* et d'*enfants-souvenirs.*

Notes du chapitre premier

1. Un « même » est une « idée-virus ». J'en reparlerai plus en détail dans les pages qui vont suivre.
2. J'emploie le mot « technologie » (au singulier ou au pluriel) dans un sens très global, c'est-à-dire que j'inclus dans ce mot aussi bien les outils et les machines que les savoirs et les pratiques.
3. Il y a, évidemment, d'autres échelles qui menacent ma survie (des échelles microscopiques, par exemple), mais je les ignore, car il m'est impossible d'agir sur elles.
4. « Voyez une cellule vivante. Les lipides, enzymes et molécules d'ADN qui forment cette cellule sont des choses relativement simples. Elles obéissent à des lois physiques et chimiques claires et précises. Il n'y a pas moyen de pointer le doigt vers l'une de ces choses et d'affirmer " ceci est vivant ". Et pourtant, lorsque ces molécules sont assemblées en une structure complexe, elles deviennent vivantes. » (Waldrop, p. 67.)
5. Je précise que ces degrés dépendent, encore une fois, de l'échelle de reconnaissance à laquelle on se réfère (un chat est plus vivant qu'une table sur le plan organique, mais pas sur le plan atomique).
6. C'est d'ailleurs ce que suggèrent les chercheurs en vie artificielle : « Sa théorie [celle de Langton] est que la vie est un processus – un comportement qui n'est pas lié à une manifestation matérielle spécifique. Ce qui est important à propos de la vie, ce ne sont pas les choses dont elle est faite, mais bien ce qu'elle fait. [...] Langton résume ainsi la leçon : " La chose la plus importante à souligner à propos de la vie artificielle est que l'artificialité de cette science n'est pas dans la vie, mais bien dans les matériaux. " » (Kelly, p. 347.)
7. Comme ces bactéries qui vivent en nous.
8. « Présentement, selon cette hypothèse, nous sommes sur le point d'assister à une nouvelle prise de pouvoir génétique : les organismes de silicone de la vie artificielle vont remplacer les organismes vivants à base de carbone. Ces nouvelles formes de vie possèderaient certains avantages. Du point de vue physique, elles seraient plus variables, leurs corps pouvant être construits d'une multitude de matériaux et avoir diverses formes. Elles seraient aussi plus durables, pouvant vivre des milliers d'années, si ce n'est plus. » (Levy, p. 344.)
9. Certains penseurs contemporains ont déjà émis des hypothèses qui couvrent un territoire semblable à celui que j'explore.

Pour Kevin Kelly, par exemple, la culture est un important facteur dans la direction que prend l'évolution génétique. Selon lui, culture et évolution génétique sont étroitement verrouillées en une coévolution. Chaque fois qu'un apprentissage se fait par la culture plutôt que par l'instinct, dit-il, la biologie se trouve devant des « espaces de possibilité » qui lui permettent alors d'explorer des directions biologiques et génétiques différentes. Avec le temps, la biologie humaine est devenue dépendante de la culture, car cette dernière assume de plus en plus certaines responsabilités auparavant exclusives à la biologie. Cette idée de la symbiose culture-biologie est aussi partagée par certains chercheurs en intelligence artificielle. Pour ces scientifiques, la complexité de l'intelligence est directement dépendante des problèmes et défis environnementaux auxquels un organisme doit faire face. Selon ces chercheurs, un organisme serait physiologiquement sculpté par son environnement culturel : « Le Prix Nobel Herbert Simon a suggéré qu'une grande partie de l'originalité et de la variabilité des comportements des êtres vivants provient de la richesse de leur environnement plutôt que de la complexité de leurs programmes internes. Dans *The Sciences of the Artificial* (1981), Simon décrit le chemin indirect qu'emprunte une fourmi qui se déplace sur un terrain inégal et semé d'obstacles. Les arrêts, hésitations et détours qui caractérisent sa progression sont causés par les obstacles qu'elle rencontre. Simon conclut alors qu'une fourmi, perçue en tant que système de comportements, est une chose très simple. La complexité apparente de son comportement est généralement le résultat de la complexité de son environnement. [...] Il est intéressant de noter que, si nous appliquons ce concept aux êtres humains, nous possédons alors un argument de poids pour proposer que la culture est fondamentale à la formation de l'intelligence. L'intelligence ne grandirait pas dans l'obscurité comme le fait un champignon, mais serait plutôt dépendante d'interactions avec un environnement riche et varié. La culture est donc aussi fondamentale à la création des êtres humains que ces derniers à sa création. Plutôt que de dénigrer notre intelligence, cette idée souligne plutôt la cohérence et la richesse miraculeuse des cultures qui ont pris forme à partir de l'existence des êtres humains. » (Luger et Stubblefield, p. 12.)

10. Cronin, p. 71.
11. Car, comme le dit Michael Schrage dans un article au sujet de Richard Dawkins : « Il n'y a pas que le corps qui obéit à la

structure de ses gènes, car c'est aussi le cas des artefacts que construit ce corps. Ainsi, l'œuf utilise à la fois une poule et un nid pour faire un autre œuf. Le nid est donc, lui aussi, un prolongement évolutif de l'œuf. […] Le code invisible qui existe dans les gènes manipule ainsi, d'une façon directe et à son avantage, d'immenses sections du monde visible. » (Schrage, p. 172.)

12. L'invention de ce concept revient à Richard Dawkins qui l'a employé la première fois dans son livre *The Selfish Gene* paru en 1976.
13. David Brin, professeur américain et écrivain de science-fiction, décrit ainsi le mème : « Richard Dawkins a inventé le mot mème (qu'il a voulu proche de gène) pour décrire des idées qui agissent comme les virus. Non seulement les mèmes s'emparent-ils de l'organisme hôte (l'esprit humain), mais ils forcent aussi celui-ci à les disséminer (par prosélytisme, par argumentation, par des livres de science-fiction). Plusieurs sont mutuellement incompatibles. Différents mèmes peuvent s'affronter pour le territoire que représente notre esprit. » (Brin, p. 74.)
14. Car elle leur permet de créer, dans leurs véhicules de survie, des consciences, des systèmes nerveux, des systèmes immunitaires, etc. Grâce à toutes ces caractéristiques, les réplicateurs peuvent survivre plus longtemps et se disséminer plus souvent.
15. Selon Jesper Hoffmeyer, le système immunitaire et le système nerveux seraient deux composantes d'un même système. Hoffmeyer nomme ce système *floating brain* et il le perçoit comme un amalgame de représentations et de réactions immunitaires distribuées à travers le corps.
16. Une forêt est-elle consciente ? Un océan est-il vivant ? Une chose est certaine ; une forêt, un océan, une ruche, une termitière sont des organismes de type *gaia* (selon le terme de Lovelock), c'est-à-dire des dynamiques qui s'autogèrent, se contrôlent, se rééquilibrent constamment. Ces dynamiques possèdent-elles des systèmes immunitaires ? Certainement. La ruche repousse continuellement les intrus qui cherchent à y pénétrer. L'océan a des défenses très précises qui assurent son intégrité (la salinité de l'eau, par exemple). La planète ne permet qu'à un nombre restreint d'organismes de l'habiter et tout intrus, qu'il soit biologique ou minéral, doit, s'il veut l'occuper, être capable de résister à une pléiade d'attaques chimiques, physiques (la gravité entre autres) et biologiques. Et la forêt ? Comme le souligne Richard Preston au début de la section, c'est au moyen de virus biologiques que la forêt se « défend ».

17. « Zbigniew Brzezinski, directeur de l'Institut de recherches sur le communisme à l'Université Columbia, utilise le terme de " ville globale ". La connotation de retour à la communauté et à l'intimité que contient le mot village lui paraît peu adaptée au nouvel environnement international. Car le maillage des réseaux, qu'il baptise *technétroniques*, fruit du mariage de l'ordinateur, du téléviseur et des télécommunications, aurait transformé le monde en un " nœud de relations interdépendantes, nerveuses, agitées et tendues ", et donc accru la menace de l'anomie, le risque de l'isolement et de la solitude pour les individus. » (Mattelart, p. 11.)

18. Il est d'ailleurs intéressant de signaler ici la différence capitale qui existe entre *Do Androids Dream of Electric Sheep* de Philip K. Dick et *Blade Runner*, le film de Ridley Scott, tiré de ce même roman. Alors que ce sont les cyborgs qui possèdent sensibilité et empathie dans le film de Ridley Scott, le livre de Dick, écrit plusieurs années avant la production du film, dépeint une situation exactement contraire. Chez Dick, ce sont les machines qui sont inhumaines, cruelles, vicieuses, amorales, manipulatrices et ce sont les humains qui souffrent, qui se questionnent et qui se voient lentement mourir et périr. Dans le livre de Dick, les êtres humains sont encore humains, bien qu'ils partagent leur monde avec des machines. Dans le film de Scott, ce sont les cyborgs qui veulent vivre, aimer, se souvenir, comprendre la vie et la mort (et c'est d'ailleurs pour cela qu'ils doivent être exterminés) et ce sont les êtres humains qui sont amoraux, vicieux, dangereux, manipulateurs et cruels. Le renversement est complet. Dans le film de Ridley Scott, tout aussi bien que dans celui de James Cameron (*Terminator 2*) ou de Paul Verhoeven (*Robocop*), les êtres humains sont moins dangereux qu'ils ne sont inhumains. Ce sont les machines qui, dans ces films, sont riches d'humanité.

Chapitre II

Plus ou moins vivant

> Une personne, une ruche, une corporation, un animal, une nation, aucun ne possède de « je ». Le « je » d'un vivisystème est un fantôme, un voile éphémère. Il est comme la forme passagère d'un tourbillon dans un évier qui se vide, forme créée par la danse d'un million d'atomes d'eau.
>
> Kevin Kelly

Le virus

Il [Charles Monet] ne semble plus vraiment conscient de la douleur, car les caillots logés dans son cerveau interrompent la circulation du sang. Sa personnalité est sur le point d'être effacée par les dommages causés à son cerveau. C'est ce qu'on appelle la dépersonnalisation, là où la vitalité et les particularités du caractère semblent disparaître. Il [Monet] est sur le point de devenir un automate. De petites portions de son cerveau se liquéfient. Les fonctions supérieures de la conscience sont attaquées les premières, tandis que les parties les plus profondes du cerveau – le cerveau primitif du rat, le cerveau reptilien du lézard – restent vivantes et en état de fonctionnement. Il serait en fait possible d'affirmer que le « qui » de Charles

Monet est déjà mort, tandis que son « quoi » continue à vivre. (Preston, p. 44-45.)

Dans un livre (*Hot Zone, Virus* en français) qui a connu beaucoup de succès il y a quelques années, Richard Preston décrit, avec nombre de détails terrifiants, les conséquences d'une infection par le virus Ébola. Il y raconte aussi comment ce fameux virus a failli se propager dans une petite banlieue cossue de Virginie à la suite de l'importation de singes infectés. Mais par-dessus tout, ce livre souligne un phénomène important (que nombre de journaux à sensation ont pris plaisir à associer à la fin du millénaire), soit la réémergence des virus.

Les virus, comme les démons, occupent depuis longtemps une place importante dans notre imagination. Les virus tuent au hasard et ils tuent beaucoup, souvent très douloureusement. Les virus sont invisibles. Ils se transmettent de multiples façons (par l'atmosphère, par l'échange de fluides, par les morsures, etc.) et ils ont la mauvaise habitude de muter vivement et souvent. De plus, les virus sont très souples et ils s'adaptent rapidement aux pressions de leur environnement.

Pendant la dernière moitié du XXe siècle, les virus ont tranquillement été éclipsés dans notre imaginaire par d'autres fléaux (guerre nucléaire, destruction de l'environnement, couche d'ozone, etc.), car la médecine semblait être capable de les contrôler.

Les années quatre-vingt ont vu l'apparition (assez brusque) du sida. Soudain, les virus resurgissaient avec une ardeur et une fougue décuplées. Le sida a accaparé l'avant-scène, non seulement médicalement (et politiquement), mais aussi culturellement. Après la guerre froide et ses menaces nucléaires, c'était au tour des virus de monopoliser notre imaginaire. Mais étrangement (et contrairement à ce qui s'est passé dans l'art médiéval pendant les grandes épidémies), l'art ne s'est pas mis à représenter la mort d'une façon plus soutenue que précédemment (la guerre froide ayant monopolisé cette idée depuis longtemps déjà). Ce que l'art populaire nous a permis d'observer est plutôt une désintégration de l'être humain, souvent causée par des infections de toutes sortes. De *Alien* à *The X-Files*, en passant par les vidéoclips et par l'art technologique, plusieurs œuvres contemporaines semblaient soudainement illustrer la contamination des êtres, des institutions et des cultures. À peu près en même temps que resurgissaient les virus mortels, une partie de l'art contemporain occidental produisait des œuvres centrées sur le morcellement de l'être vivant.

Pour plusieurs critiques et théoriciens, cela reflète la prédominance de la culture postmoderne, cette culture que l'on a décrite comme celle de la surface, des simulacres, de la fin des grands récits, bref cette culture de la mise en abyme, là où toute représentation et tout sens semblent émerger d'eux-mêmes. De plus, pour nombre de penseurs, ce phénomène est symptomatique d'une profonde perte de sens, d'une déshumanisation presque totale. Les liens avec l'histoire ont été coupés et l'imaginaire nouveau semble replié sur lui-même, cherchant sens, symbole et justification dans une implosion continuelle. L'être humain se disperse en lui-même.

Plusieurs ont tenté d'expliquer cette nouvelle culture et de nombreuses analyses efficaces et élégantes ont été produites. Mais un élément me semble aujourd'hui toujours inexploré.

De nouveaux virus émergent, certes, mais ces virus ne s'attaquent plus « simplement » aux cellules vivantes. Les nouveaux virus s'acharnent aussi sur les réseaux informatiques, sur les ordinateurs, sur la culture et sur les médias. Nous nous retrouvons soudainement immergés dans un environnement où nos corps, notre culture et nos technologies sont incapables de mettre en place quelque protection que ce soit contre ces « envahisseurs ». La biosphère devient transparente. Les démarcations entre virus et corps, entre virus et culture, entre virus et technologie se liquéfient et s'effacent. Pour la première fois, nous sommes face à l'obsolescence de nos frontières et de nos absolus. Ces absolus, que nous avions érigés en barrières infranchissables, s'avérent n'être qu'un genre de ligne Maginot de l'ontologie. Le naturel et l'artificiel, le vivant et le non-vivant, le mâle et la femelle, l'intelligent et le non-intelligent sont des mirages. L'édifice de nos représentations est un château de cartes.

Comment alors nous définir selon des structures historiques? Comment alors prétendre sonder des absolus, qui viennent à peine d'être démasqués, pour trouver sens et légitimité? Comment suivre le chemin tracé par les générations précédentes en sachant qu'il ne mène nulle part? Bref, comment bâtir sur l'instable et l'éphémère? Ensemble, les virus et la postmodernité révèlent ce qui, depuis si longtemps, devenait clair: les frontières du vivant n'existent pas.

Ainsi, lorsque *Hot Zone* de Richard Preston a paru, cette nouvelle perception a fait irruption au grand jour. Ce livre illustrait avec force la rapide disparition de l'intégrité biologique. Le virus devenait soudainement un acteur incontournable de la déconstruction de l'être humain et de ses représentations. Il fallait, dans la construction d'un nouvel édifice de l'humain, tenir compte de la transparence des corps et des systèmes. Il devenait nécessaire de définir une nouvelle écologie.

~

Mais qu'est-ce qu'un virus? C'est une question importante qui suppose que nous abordions, de plusieurs côtés à la fois, la question du vivant. Un virus (biologique) est une chaîne d'ADN ou d'ARN dont le but est le même que celui de tout autre organisme: se reproduire (et, en ce sens, le virus est un réplicateur). À cette fin, la tactique utilisée par le virus est celle du parasite. Le virus pénètre d'abord l'hôte, puis, une fois dans ce dernier, il se glisse à l'intérieur de certaines cellules et les utilise pour se reproduire et se disséminer[1].

Mais bien qu'un virus cherche, comme tout être vivant, à se reproduire, il n'est pas unanimement reconnu comme vivant. Car si le virus est une « chose » indéniablement active, il ne l'est que lorsqu'il pénètre dans le corps hôte. À l'extérieur de ce corps, le virus est latent et immobile. Il est, en fait, un parasite parfait dont l'« existence » dépend totalement de l'organisme qu'il pénètre. Un virus nous oblige ainsi à revoir notre définition du vivant (et de ses frontières), car il enseigne que, à la périphérie du vivant, les frontières deviennent des rumeurs et des échos. En fait, un virus remet en cause un des piliers les plus importants de l'édifice du vivant, soit l'équation vivant = organique. Car si l'on peut émettre des doutes quant à la « vivacité » d'un virus, il est cependant impossible de nier que ce dernier est organique. La question qui se pose alors est la suivante : Peut-on être organique sans être vivant ?

C'est une question fondamentale pour la redéfinition du vivant, car elle soulève de façon aiguë le problème des frontières de ce même vivant. Si un mammifère est sans aucun doute un être vivant, puisqu'il est organique et qu'il possède toutes les caractéristiques normalement associées aux êtres vivants, qu'en est-il des systèmes informatiques (tels les systèmes experts), des virus informatiques ou des logiciels de vie artificielle qui possèdent certaines de ces caractéristiques, mais qui ne sont pas organiques ? Sont-ils en partie vivants ? Peut-on être vivant mais non organique ?

Avant de tenter de répondre à cette question, il est nécessaire d'examiner les méthodes de propagation des virus. Ces dernières permettent de mieux comprendre pourquoi il y a réémergence des virus et quel est le rapport entre cette réémergence et notre culture technologique contemporaine.

~

Un virus existe uniquement s'il y a communication entre les organismes, puisqu'il ne peut se multiplier qu'à l'intérieur d'un corps et qu'il ne peut survivre qu'en allant d'un corps à l'autre. Cela signifie donc que plus la communication est grande, plus le virus a des chances de se disperser. Plus la communication est globale, plus le nombre de virus augmente, soit parce que les virus étaient jusque-là confinés dans une aire géographique particulière (une région peu fréquentée), soit parce que, en entrant en contact avec d'autres organismes, jusque-là inconnus de ces virus, les voici qui changent et mutent.

> Si le virus (VIH) avait été remarqué plus tôt, on aurait pu l'appeler « autoroute de Kinshasa », en l'honneur du fait qu'il a transité par cette route à sa sortie de la forêt vierge. La modernisation de l'autoroute de Kinshasa est un des événements les plus importants du XXe siècle, événement qui a affecté tous les habitants de la terre. Il a déjà coûté la vie à au moins dix millions de personnes, et il n'est pas impossible que le nombre total de victimes dépasse de loin le nombre de morts de la Seconde Guerre mondiale. En fait, on a enregistré l'apparition du SIDA en un clin d'œil: quand un chemin de terre est devenu un ruban goudronné. (Preston, p. 311-312.)

Dans le chapitre précédent, j'ai souligné que les concepts de « village global » ou « ville globale » sont inadéquats pour désigner l'environnement contemporain. Kevin Kelly, rédacteur en chef de la revue *Wired*, en propose un autre qui, lui, me semble plus approprié. Il ne s'agirait pas de village global, mais plutôt de *ruche globale*. Par ce terme, Kelly veut évoquer un environnement construit sur le mode de la proximité et de la promiscuité (physique, intellectuelle, technologique et culturelle). Dans cet écosystème, de très nombreux virus (informatiques, biologiques et informationnels) peuvent apparaître et se multiplier, car les distances, aussi bien physiques, géographiques ou informationnelles, sont grandement diminuées (idée de proximité), quand elles ne sont pas enchevêtrées les unes dans les autres (idée de promiscuité). Cette notion de ruche globale me semble intéressante, car la ruche redéfinit les territoires qui séparent (ou ne séparent pas) les êtres vivants. Une ruche ne fait pas qu'abolir les territoires (physiques et biologiques), elle les fait se chevaucher. Biologiquement, une ruche est à la fois une et plusieurs. Physiquement, elle est quasi infinie (puisque, à l'intérieur de limites très précises, la ruche est de dimension immense [s'il fallait déplier chaque alvéole]). Dans une ruche, les distances biologiques et physiques ne sont pas simplement réduites, elles sont déplacées, cachées, pliées et transformées. Une ruche est un environnement contaminé, à l'intérieur, ses frontières ne sont qu'une danse.

Plusieurs auteurs[2] défendent l'idée que la société humaine et les virus sont, comme la ruche et ses abeilles, étroitement liés, puisque des changements chez l'un (nouvelles données sociologiques, économiques, technologiques) provoquent des bouleversements chez l'autre (apparition de virus dans des écosystèmes nouveaux, mutations rapides, méthodes nouvelles de propagation, etc.).

Les exemples les plus intéressants de cette interconnexion étroite sont certainement les trois premières épidémies du virus Ébola (causées, entre autres, par l'utilisation malheureuse d'instruments médicaux) et la propagation de divers virus transmissibles sexuellement, souvent amplifiée par des bouleversements sociaux[3]. Mais ce ne sont ici que deux exemples particuliers. De nombreux virus véhiculés par des rongeurs (dont l'hantavirus, par exemple) apparaissent soudainement lorsque diverses activités humaines modifient des comportements animaux, forçant ces derniers à entrer en contact plus étroit avec les êtres humains.

~

Un virus (biologique) se propage donc par le biais de changements environnementaux, humains et technologiques. Mais cela ne répond pas à la question suivante : un virus est-il vivant ? Cette question de la définition du vivant est au cœur de ma réflexion. Qu'est-ce qu'un être vivant ? Comment peut-on le définir ? Un tel concept doit-il être utilisé ? Est-il possible de clairement séparer le vivant du non-vivant ?

Afin de répondre à cette question, Doyne Farmer, chercheur en vie artificielle (cité par Kevin Kelly), a tenté de déterminer les caractéristiques du vivant. Selon lui, un être vivant doit :

1) être présent dans l'espace et le temps ;

2) se reproduire ;

3) avoir la capacité d'emmagasiner son information pour pouvoir, éventuellement, la disséminer ;

4) avoir un métabolisme ;

5) « faire » des choses ;

6) posséder des parties interdépendantes et « être capable » de mourir ;

7) être stable malgré diverses perturbations ;

8) avoir la capacité d'évoluer[4].

J'ajouterai à cette liste une caractéristique qui me semble aussi fondamentale que les précédentes : *les êtres vivants doivent être capables de manipuler des représentations*, car c'est ainsi qu'ils peuvent exister et sauvegarder leur intégrité biologique. Les questions à poser sont donc les suivantes : 1) Le virus possède-t-il les caractéristiques relevées par Doyne Farmer ? 2) Est-il le résultat d'une complexification de représentations ? 3) Manipule-t-il des représentations[5] ?

La réponse à ces trois questions est affirmative. Le virus peut être considéré comme un être vivant selon les critères énumérés ci-dessus (cela ne veut toutefois pas dire que ces critères soient absolus ou définitifs). Un virus, parce qu'il est présent dans l'environnement, doit être capable de réagir aux pressions de l'environnement. Un virus est un organisme primitif, certes, mais cela n'empêche pas qu'il soit relativement complexe, puisqu'il interagit avec «intelligence» face à son environnement (il s'adapte, il mute, il exploite ce dernier).

Il reste cependant une question à approfondir: un virus manipule-t-il des représentations?

Le virus est un élément essentiel dans l'évolution, et ce non seulement en tant que propagateur d'ADN[6], mais aussi en tant que consommateur de représentations. Le virus est un réplicateur, il doit donc être capable de «lire» les phénomènes qui l'entourent. La «lecture» d'un état du corps, d'un environnement ou d'un adversaire (proie ou prédateur) est un aspect fondamental de toute réplication. Le réplicateur a besoin de la représentation pour survivre. Sans cette dernière, il ne peut résister à son milieu.

Un virus modifie son environnement. En retour, celui-ci influe sur les «comportements» du virus. Mais l'environnement dont on parle ici est un environnement de communications, d'interconnexions, de signes et de substances chimiques. Bref, il s'agit ici d'un environnement de la représentation. Le virus se transmet par le biais d'activités sexuelles, de morsures, d'échanges de fluides (larmes, sueur, sperme, etc.), bref, un virus utilise la production et la consommation de signes chez les êtres vivants pour se propager (en ce sens où même la morsure d'un insecte est le résultat d'une lecture de signes par cet insecte, c'est-à-dire qu'il identifie sa proie, il sait qu'elle possède ce dont il a besoin, il sait où la mordre, il sait comment l'attirer ou comment la dépister lorsqu'elle se camoufle, etc.). Un virus est un réplicateur, mais, en tant que tel, cela ne lui est pas suffisant. Un virus a besoin de « véhicules » construits par d'autres réplicateurs pour se disséminer. Mon hypothèse est ici que, bien souvent, les véhicules utilisés par le virus sont des représentations. C'est par le décodage et la consommation de signes (dont l'activité sexuelle est le meilleur exemple) qu'un virus peut traverser le temps et l'espace et se multiplier.

Le virus n'utilise donc pas seulement des comportements pour se propager, il utilise aussi des concepts. Lorsqu'un groupe religieux refuse des traitements médicaux, lorsqu'un pays entre en guerre, lorsqu'une mode encourage la promiscuité sexuelle, lorsqu'un regroupement vit, en raison de sa culture, en étroite association avec certains animaux, lorsqu'une communauté consomme une nourriture animale en particulier, lorsqu'une compagnie fait la promotion d'un produit au détriment d'un comportement (le lait en poudre plutôt que l'allaitement maternel par exemple), dans tous ces cas, et les exemples sont nombreux, le virus utilise essentiellement un complexe de représentations pour se propager.

Le virus est un vecteur de communication entre les êtres vivants. Il est une dynamique qui force l'être vivant à élaborer une représentation de lui-même (de ses états corporels) et à se transformer. Le virus est un acteur essentiel du développement cognitif; il est, indéniablement, manipulateur de représentations. Le virus répond aux critères du vivant.

Encore une fois, il ne s'agit pas de faire de la science-fiction ni de prétendre que le virus vit et pense comme nous le faisons. Je veux simplement signaler que toutes les frontières que nous pouvons (ou voulons) dessiner entre vivant et non-vivant sont mouvantes et instables. Le virus n'est pas vivant comme nous le sommes, cela ne fait aucun doute, mais il n'est pas non plus en dehors du vivant. Il appartient plutôt à des zones excentrées de ce dernier.

Les choses, les êtres et les phénomènes se contaminent les uns les autres et se diluent les uns dans les autres. Les traces du vivant se propagent très loin dans le temps, dans l'espace et dans la matière. Le vivant n'est pas exclusif à un environnement ou à une série d'organismes. Le vivant correspond à une série de dynamiques qui peuvent être présentes à divers degrés. Il n'y a pas que le vivant et le non-vivant. Il y a aussi d'innombrables degrés entre les deux.

~

La vie peut-elle être non organique? Existe-t-il une biologie du non-naturel (du fabriqué)? La biologie que nous connaissons est-elle comme la lumière que nous voyons, une frange extrêmement restreinte de tout le spectre lumineux? Pourrait-on supposer qu'il existe un spectre biologique dont la vie organique que nous connaissons n'est qu'une petite partie? Existe-t-il d'autres biologies avec lesquelles nous cohabitons ou n'existe-t-il qu'une seule biologie illimitée dans ses formes et ses possibilités?

L'OSMOSE VIVANT/TECHNOLOGIE

> Pour un biologiste, il est très tentant de croire qu'il existe un parallèle entre l'évolution des idées et celle de la biosphère. Car [...] les idées ont quand même conservé certaines caractéristiques propres aux organismes vivants. Comme ces derniers, les idées ont tendance à perpétuer leur structure et à s'accoupler; elles peuvent aussi fusionner, se combiner et isoler leur contenu. En fait, les idées peuvent, elles aussi, évoluer, et dans cette évolution, la

sélection naturelle joue probablement un rôle important. [...] Cette sélection doit nécessairement opérer à deux niveaux: celui de la cognition et celui de la performance.

PETER VAJK

De très nombreux penseurs croient aujourd'hui que les êtres vivants (et pensants) font partie d'un ensemble dans lequel sont imbriqués aussi bien le biologique que l'artificiel et le culturel[7]. De James Lovelock à Pierre Lévy en passant par des auteurs de science-fiction tels que Greg Bear et William Gibson, les écrits de la technoculture proposent un modèle fondé sur une véritable osmose entre tous les phénomènes de l'univers (les artefacts, l'environnement, l'information, les écosystèmes, etc.). De cette osmose émerge un ensemble qui transcende la somme des parties qui l'ont formé. Cet ensemble, cette «nouvelle» biologie faite non plus seulement de gènes, mais aussi de cultures, est perçu par certains comme essentiellement d'ordre cognitif, alors que d'autres le voient comme profondément organique (dans le sens cybernétique du terme, c'est-à-dire dans le sens d'un système qui s'autogère). Un troisième groupe le considère comme manifestement réseautique (en réseau). Ce que toutes ces théories suggèrent, c'est l'émergence de manifestations postbiologiques là où corps, cultures, virus, mèmes et machines s'entrechoquent, s'entremêlent et s'interpénètrent.

L'écologie cognitive

Une chose paraît sûre: nous vivons aujourd'hui une de ces époques charnières où tout l'ordre ancien des représentations et des savoirs bascule pour faire place à des imaginaires, à des modes de connaissance et à des styles de régulations sociales

> encore mal stabilisés. Nous vivons un de ces rares moments où, à partir d'une nouvelle configuration technique, c'est-à-dire d'un nouveau rapport au cosmos, s'invente un style d'humanité. (Lévy, 1990, p. 18.)

Pour le penseur Pierre Lévy, l'intelligence humaine est élément d'un tout biologique, technologique et culturel qu'il nomme *écologie cognitive.* Dans cette écologie, Lévy discerne non pas des unités biologiques ou technologiques, mais bien des « méga-machines hybrides, faites de pierres et d'hommes, d'encre et de papier, de mots et de chemins de fer, de règlements et de privilèges, de réseaux téléphoniques et d'ordinateurs[8] ».

Pour ce philosophe, l'intelligence ne saurait être unique, puisqu'elle est toujours le fait d'un collectif[9], c'est-à-dire qu'elle ne peut être indépendante de multiples réseaux (institutionnels, culturels, technologiques, médiatiques) qui la servent, la nourrissent et lui permettent d'évoluer[10]. D'après Lévy, « intelligence, concepts et même vision du monde ne sont pas seulement gelés dans la langue, ils sont aussi cristallisés dans les instruments de travail, les machines, les méthodes[11] ».

Selon lui, la frontière entre l'humain, le technique et le technologique est en « redéfinition permanente[12] », car l'être humain n'existe que dans des univers de signification[13] dans lesquels il est impossible de distinguer l'intérieur de l'extérieur. Pour Lévy, « les humains sont des sources d'hypermondes, des constructeurs d'hypericônes aux connexions improbables. Nous vivons en même temps dans cent lieux différents et pourtant mystérieusement reliés entre eux. Nous n'habitons pas seulement tel petit coin de terre, mais aussi l'immense et trouble univers de la signification[14] ».

L'humain est au centre d'un réseau de significations, il est au cœur d'une écologie cognitive dans laquelle il cohabite avec le mécanique, le technologique et le culturel. Selon Lévy, cette cohabitation est si importante qu'il est même possible d'affirmer que « le cosmos pense en nous » :

> C'est-à-dire tout ce avec quoi nous interagissons de près ou de loin, non seulement la nature et les autres êtres, mais aussi les villes et les livres, les écrans et les cartes, les langues et les machines, les récits et les dieux, tout ce qui forme notre milieu de vie, tout ce qui prend sens à nos yeux et contribue à composer ce qui, pour nous, fera sens. Le cosmos renvoie ici au grand collectif hommes-choses dans lequel et par lequel nous vivons. (Lévy, 1991, p. 256-257.)

Cette idée d'un collectif intelligent et conscient hommes-choses n'est pas exclusive à Pierre Lévy. D'autres auteurs ont soutenu des thèses remarquablement semblables.

Metaman

Gregory Stock avance lui aussi l'idée d'un collectif hommes-choses (ou plus précisément homme-civilisation). S'inspirant des théories (controversées) de James Lovelock (pour qui la planète est un organisme cybernétique), Gregory Stock propose le terme *Metaman* pour nommer, comme le fait Pierre Lévy, un collectif qui dépasse l'humanité. Ce *Metaman* serait formé non seulement d'êtres vivants, mais aussi d'objets techniques, de technologies, d'artefacts et de productions culturels[15] :

> [...] la mince couche planétaire de l'humanité et de ses créations est véritablement un organisme vivant. Il s'agit en fait ici d'un « superorganisme », c'est-à-dire une communauté d'organismes si étroitement liés les uns aux autres qu'ils finissent par ne former qu'un seul être vivant. (Stock, p. 20.)

En fait, Stock considère ce *Metaman* comme un être vivant réel, pourvu de toutes les caractéristiques propres aux organismes « normaux ». Selon lui, ce *Metaman* se nourrit, utilise de l'énergie, s'adapte aux changements environnementaux, s'autoguérit et arrive même à se reproduire[16].

Pour Stock, comme pour Lévy (comme d'ailleurs pour Marvin Minsky[17]), ce collectif remet en question l'exclusivité physique, intellectuelle et culturelle des êtres humains. Chez Stock, comme chez Lévy, l'appartenance de l'être humain à ce collectif soulève l'idée d'une possible fusion entre organique et non-organique.

> Tout comme la nature de l'être se transforme, la compréhension de ce qu'est un être humain se transforme aussi. Un jour, les êtres humains seront des êtres assemblés : mi-biologiques, mi-mécaniques, mi-électroniques. Pour certains, cette idée rappelle celle d'androïdes inhumains, mais la transition ne sera pas aussi brutale que nous pouvons l'imaginer aujourd'hui. Il n'est pas rare de remplacer ou de modifier des sections du corps humain, et pourtant ni l'implant de fausses dents ni celui de genoux artificiels ne nous donnent l'impression d'être moins humains. (Stock, p. 152.)

D'autres auteurs ont, eux aussi, perçu l'émergence de ce collectif hommes-choses (ou homme-civilisation), là où l'être humain se retrouve au centre d'une multitude de phénomènes. Parmi eux, notons l'artiste britannique Roy Ascott, le scientifique américain Roger Malina et le journaliste américain Kevin Kelly.

Identité et réseaux

Pour Roy Ascott, un collectif électrosensible émerge aujourd'hui des divers réseaux de télécommunications. Ascott définit ce collectif comme étant un *subtle body*, un *mind-at-large* (empruntant ici un terme inventé par

Gregory Bateson). Selon Ascott (citant Peter Russell), les réseaux informatiques et électroniques, grâce à leurs innombrables interconnexions, instaurent une sorte de métaconscience collective.

> La multiplication des réseaux de télécommunications permettra un jour d'atteindre un point où les milliards d'échanges informationnels qui cheminent dans le réseau créeront une sorte de cohérence cognitive globale, tout comme cela se fait dans le cerveau humain. (Ascott, 1990, p. 242.)

Pour Roger Malina, rédacteur en chef de la revue *Leonardo,* l'idée de ce métaorganisme tire son origine de la multiplication des sens rendue possible par les technologies modernes. D'après lui, l'émergence de ce supraorganisme « répond à ce besoin d'étendre notre appareil sensoriel[18] ». Comme le font Lévy, Stock et Ascott, Malina émet l'hypothèse d'un réseau hommes-choses intelligent : « L'humain et l'ordinateur et l'environnement peuvent être perçus comme un ensemble intelligent de dimension planétaire[19]. »

Le journaliste américain Kevin Kelly lance, quant à lui, l'idée d'une collectivité intelligente construite sur le modèle de la ruche (concept qu'il nomme *hivemind*). Dans son livre *Out of Control,* Kelly examine les réseaux technologiques et informationnels qui semblent faire preuve d'auto-organisation. Celle-ci ne serait pas centralisée (comme dans le cas d'un être humain), mais bien disséminée dans le regroupement lui-même (comme dans le cas d'une ruche).

Pour illustrer son hypothèse, Kelly donne l'exemple de la nuée d'abeilles, là où chaque insecte n'est pas indépendant, mais fait partie intégrante de l'auto-organisation, là où la « nuée » est, par elle-même, responsable de l'organisation des individus (et non pas le contraire). Selon Kelly, l'exemple le plus intéressant de cette collectivité en nuée d'abeilles est le réseau Internet :

> Internet est un emblème de multiplicités. De ce réseau émergent des êtres en essaim – des êtres distribués – y déployant le « moi » à un point tel qu'aucun individu ou phénomène ne peut affirmer « je suis le je ». Ce réseau est indéniablement social, fondamentalement composé de plusieurs esprits. Il possède en même temps la logique de l'Ordinateur et celle de la Nature – qui elle-même charrie une puissance qui dépasse notre entendement. Au creux d'Internet se cache le mystère de la Main Invisible – le contrôle sans autorité. (Kelly, p. 26.)

Analysant d'abord des systèmes naturels (la ruche, par exemple) et organiques (un écosystème), Kelly passe ensuite aux systèmes plus complexes (l'évolution génétique) et non biologiques (une économie nationale, Internet, etc.). Il en conclut que nous habitons aujourd'hui un monde rempli de collectifs autogérés et complexes qui émergent par eux-mêmes dès qu'une complexité suffisante se développe. Kelly propose deux termes pour désigner ces collectifs, soit vivisystèmes et hypervie (*hyperlife*).

Le premier terme s'applique à des collectifs souples et hautement adaptables qui possèdent des caractéristiques propres aux êtres vivants. Ces caractéristiques sont l'adaptabilité, l'évolution, la complexité et la conscience apparente (visible dans les comportements du collectif). Par « vivisystème », Kelly désigne une économie, un écosystème, une simulation informatique, un système immunitaire, un système évolutif, etc. Quant à l'hypervie, Kelly la définit comme un vivisystème particulièrement robuste, cohérent et harmonieux[20].

~

D'après les auteurs cités dans ce chapitre, la compréhension que nous avons de notre monde n'est plus ancrée dans l'individu, dans sa matérialité et dans sa linéarité, mais bien dans des dynamiques biologiques, technologiques et culturelles qui convergent les unes vers les autres et desquelles émergent des êtres collectifs. Toutes ces théories suggèrent que le monde est un véritable entrelacement entre les phénomènes organiques et inorganiques et que le corps « classique » s'y dissout graduellement. Grâce à cette dissolution, l'être humain peut enfin s'imaginer appartenir à un univers dans lequel sa biologie, son art et ses artefacts apparaissent comme partie intégrante de ce qui le fonde et le sculpte.

Si la théorie de l'enchevêtrement humain/machine tend à se propager et à séduire si efficacement, c'est parce qu'elle présente un modèle dans lequel l'observateur, ses instruments et l'objet observé ne font plus qu'un. Par le biais du corps-culture, l'être humain redevient centre d'un monde. À travers cette idée de la symbiose homme/machine (et aussi homme/société), à travers les concepts de *Metaman*, d'écologie cognitive, de ruche globale, etc., l'être humain a le sentiment que son monde redevient (comme il l'était avec la culture orale) « un événement continu dont il est le centre[21] ». La séduction qu'exerce le modèle de la symbiose homme/machine découle de cette idée. Selon celle-ci, il n'existe plus de séparation entre le biologique, le technologique et le culturel et l'être humain peut alors enfin affirmer vivre dans un monde inclusif plutôt qu'exclusif.

Comme l'ont souvent promis religion et politique à travers les siècles, la technoculture entend, elle aussi, placer l'être humain dans le centre de son univers. À la différence de la modernité, cependant, la technoculture suppose un être *intégré* totalement (avec sa culture, ses technologies, son environnement) à son monde.

~

À la lumière des modèles et des systèmes examinés dans ce chapitre, on peut affirmer que l'être humain en tant qu'individu biologique, complet et délimité, n'est rien d'autre qu'une construction propre à une époque et à un temps particuliers. Ce qu'il faut retenir de ces théories et réflexions, c'est la perméabilité de toute modélisation (du vivant, de l'intelligent, du technologique, du culturel, etc.). Il est donc permis de penser qu'il n'existe pas de réalité objective, de méthode scientifique, de définition stable de ce que nous sommes (et d'où nous sommes), mais bien tout simplement des ouvertures à des mondes. Car comment prétendre à l'individualité du vivant devant des phénomènes tels que les virus biologiques et informatiques ou face à des concepts tels *mind-at-large* et hypervie? Comment défendre l'exclusivité de l'intelligence et de la conscience devant des phénomènes comme Internet? Comment croire en l'exclusivité de l'entité vivante quand l'intelligence est perçue comme un écosystème? Et surtout, comment croire en l'imperméabilité de notre réalité lorsque nous plongeons, sans arrêt, dans les interzones du réel, lorsque nous vivons dans des temps in-humains, lorsque nous nous habillons de formes « a-humaines » ?

> Le ciel au-dessus du port avait pris la couleur d'un écran de télévision sans émission. (Gibson, 1988b, p. 3.)

Les textes de la technoculture se sont fréquemment inspirés de cette phrase de William Gibson (la première de *Neuromancien*) pour tenter de définir l'époque actuelle. Frappés peut-être par le ton très noir du roman, nombreux sont les auteurs qui y ont vu l'annonce de la dénaturation de l'être vivant, de l'écrasement de ce dernier, de la mort du monde organique. Je crois qu'une autre interprétation est ici nécessaire.

Nous avons pu observer que le modèle stable et temporellement linéaire de l'être vivant, de la technologie, de la biologie et de la culture ne prévaut plus désormais.

Trop nombreuses sont les possibilités d'enchevêtrements, de chevauchements et de plasticités pour qu'on puisse prétendre « construire » un modèle historiquement, spatio-temporellement défini. L'image de la télévision (dans la phrase de Gibson) n'annonce pas un cauchemar, mais bien l'abolition de l'origine, la disparition de l'organique, du planétaire, de l'idée platonicienne d'un monde qui évolue biologiquement, géologiquement et culturellement vers un point d'arrivée. Cette phrase illustre l'implosion si caractéristique de l'environnement technoculturel, cette plongée dans un monde différent, fait d'infinis corporels, technologiques et culturels.

Il n'y a pas d'utopie dans la technoculture, il n'y a qu'implosion hors du temps et de l'espace organiques[22]. De l'évolution linéaire, nous passons aujourd'hui aux chevauchements. La technoculture n'affirme pas la mort ou la disparition de l'environnement humain, mais bien son renversement. Ce n'est pas la goutte d'encre (ce point de départ de la perspective) qui définit la technoculture, c'est une tache dans laquelle n'existe ni origine, ni point d'arrivée, ni frontière. La technoculture est un état du monde qui ne pointe plus vers un absolu divin (vers une Idée parfaite) comme le faisait la flèche d'un clocher, mais qui se caractérise plutôt par un affaissement dans un espace différent, celui du virus, celui des représentations, celui des machines et des idées. Le ciel au-dessus du port ne fait donc plus penser à un Dieu, là-haut, qui nous regarde, mais évoque plutôt une implosion dans l'instabilité et l'infini des biologies et de leurs réalités.

Notes du chapitre II

1. Richard Preston nous en décrit ainsi le fonctionnement : « Un virus se copie dans une cellule jusqu'à ce que cette dernière en soit saturée et ne puisse alors qu'éclater, laissant ainsi le virus s'échapper. Les virus peuvent aussi s'échapper à travers la membrane d'une cellule comme des gouttes tombant d'un robinet. [...] C'est de cette façon que procède le virus du SIDA. Le robinet coule jusqu'à ce que la cellule, épuisée et consumée, soit détruite. Lorsqu'un certain nombre de cellules sont anéanties, l'hôte meurt. Mais un virus n'a pas intérêt à détruire son hôte car il risque de disparaître lui aussi, à moins qu'il ne puisse le quitter suffisamment vite pour pénétrer dans un nouvel hôte. » (Preston, p. 89-90.)
2. Comme Richard Preston, Laurie Garrett, dans *The Coming Plague*, soutient que l'apparition de nouvelles maladies virales est le produit d'expansions technologiques. Mais Garrett va plus loin et affirme que les changements socioéconomiques et sociopolitiques sont aussi des causes importantes d'émergences virales. « Tout comme Evans, McNeill a observé des stades différents dans la relation entre les êtres humains et les microbes, mais il pense que cette relation est moins le résultat de développements économiques qu'elle n'est la conséquence de la nature même de l'écologie d'une société. Il a avancé que les maladies associées aux parasites d'eau dominent l'écologie humaine lorsque les fermiers s'adonnent principalement à une agriculture d'irrigation. Les routes commerciales globales ont facilité la propagation de maladies bactériennes, comme la peste. La création des villes a augmenté de façon substantielle les contacts humains, ce qui a favorisé la dissémination de maladies transmises sexuellement et de maladies respiratoires. » (Garrett, p. 213.)
3. Il est clair que la propagation d'une des premières épidémies du virus Ébola a été causée par l'utilisation (déficiente) de seringues dans divers petits hôpitaux religieux au Zaïre. Ces seringues, qui n'étaient stérilisées qu'une fois par jour, agissaient comme de très efficaces vecteurs du virus. Il est aussi assez clair que les conditions propices à la propagation, en Afrique, du virus du sida ont été sinon mises en place, du moins favorisées, par des remous politiques, militaires et économiques. À chaque guerre et guérilla sont étroitement associés crise économique, prostitution, vagabondage, recul des conditions hygiéniques, etc., situations qui accélèrent la

propagation d'un virus (particulièrement d'un virus transmissible sexuellement).

4. Kelly, p. 346.
5. Ces deux dernières questions sont essentielles au problème de la définition du vivant, puisque les êtres vivants ne sont, foncièrement, que des formations d'idées et des agrégats de mèmes. Ainsi que je l'ai mentionné au chapitre précédent, ce sont les représentations qui «tirent» l'être hors du désordre ambiant et lui permettent de se complexifier, de se développer et, ultimement, de devenir conscient.
6. Certains chercheurs, dont Richard Dawkins, considèrent le virus comme un morceau flottant d'ADN. L'infection par un virus permettrait, selon eux, d'accélérer le processus de l'évolution en favorisant de nombreuses et fréquentes mutations.
7. Il est important de ne pas perdre de vue l'influence que la littérature de science-fiction moderne a pu avoir sur ces diverses hypothèses. De William Gibson à Marge Piercy en passant par Bruce Sterling, il est indéniable que cette littérature a prêté une grande attention à ce phénomène de l'enchevêtrement et que toute cette attention s'est probablement répercutée dans plusieurs domaines de la technoculture. Selon Veronica Hollinger, la littérature de science-fiction contemporaine nous oblige à déconstruire «l'opposition être humain/machine et nous force à nous poser de nouvelles questions sur les manières dont nous interagissons avec nos technologies afin de produire ce que nous pourrions appeler une évolution *mutuelle*». (Hollinger, p. 42.)
8. Lévy, 1990, p. 216.
9. *Ibid.*, p. 192.
10. «Ce n'est pas "moi" qui suis intelligent, mais "moi" avec le groupe humain dont je suis membre, avec ma langue, avec tout mon héritage de méthodes et de technologies intellectuelles (dont l'usage de l'écriture). [...] Le prétendu sujet intelligent n'est qu'un micro-acteur d'une écologie cognitive qui l'englobe et le contraint.» (*Ibid.*, p. 155.)
11. *Ibid.*, p. 166.
12. *Ibid.*, p. 158.
13. Lévy, 1991, p. 255.
14. *Ibid.*
15. Remarquons que cette idée d'un collectif hommes-choses qui ressemblerait à un être vivant n'est pas exclusive au XXe siècle; en effet, Samuel Butler l'avait déjà proposée, il y a plus d'un siècle, dans son livre *Erewhon*: «Certains disent que notre sang

est composé d'une infinité d'agents vivants qui montent et descendent les routes et chemins de nos corps exactement comme le font les gens dans les rues des villes. Quand nous observons de haut nos voies publiques, est-il possible de ne pas y reconnaître des corpuscules de sang voyageant à travers les veines et nourrissant le cœur? Il n'est même pas nécessaire de mentionner le réseau d'égouts ni celui des nerfs enfouis qui servent à communiquer les sensations d'une partie du corps de la ville à une autre, ni de parler des mâchoires immenses des gares par l'entremise desquelles la circulation est portée directement au cœur qui, lui, recevant ces veines urbaines désengorge alors les artères de son pouls incessant de citoyens. Et le repos de la ville, combien identique à celui d'un être vivant!» (Butler, p. 179.)

16. Stock, p. 21.
17. «Les éthiques traditionnelles sont centrées sur les individus, comme s'ils étaient les seules entités de valeur. Nous devons aussi considérer les droits et les rôles des super-personnes que nous nommons cultures et des grands systèmes nommés sciences.» (Minsky, p. 126.)
18. Malina, 1995, p. 36.
19. Malina, 1990.
20. «L'hypervie est le concept que j'utilise pour ce spectre de la vie qui englobe le virus du sida et le virus informatique Michel-Ange. La vie biologique n'est qu'une des espèces de l'hypervie. Un réseau téléphonique est une autre espèce. Une grenouille est pleine d'hypervie. Le projet Biosphère 2 en Arizona fourmille d'hypervie, tout comme Tierra et *Terminator 2.*» (Kelly, p. 348.)
21. Selon Walter J. Ong, la culture orale permet à l'être de vivre dans un monde fondé sur l'expérience et l'événement (puisque la parole n'existe que dans l'action de parler). En fait, nous dit Ong, la culture orale permet à l'être humain de se percevoir comme partie d'un tout («Pour les cultures orales, le cosmos est un événement continu dont l'homme est le centre. L'homme y est l'*umbilicus mundi*, le nombril du monde.» [Ong, p. 73.]) La culture écrite, quant à elle, tend à «séparer» l'être de son monde. Selon Ong, l'approche scientifique, telle que nous la connaissons aujourd'hui, n'aurait pu être possible sans l'émergence d'une culture de l'écrit, cette dernière permettant la vérification des faits et le développement d'une pensée critique. Cependant, l'écrit ne vient pas sans conséquence. En effet, la méthode scientifique exige la construction de modèles du

monde desquels l'observateur est absent (puisqu'il observe de l'« extérieur »). Si, dans la culture orale, l'être humain se perçoit comme partie intégrante de l'univers qui l'entoure, en revanche, dans la culture écrite, l'être humain considère l'univers comme quelque chose qui lui est extérieur, comme quelque chose sur lequel réfléchir et dont, fondamentalement, il ne fait pas partie. L'écrit, s'il est plus « fidèle » et plus « utile » à une société ancrée dans la production matérielle et scientifique, tend aussi à rendre compte des phénomènes selon leur degré de mesurabilité. L'écrit, par sa forme même, sépare l'être de son groupe, le force à l'analyse et à l'introspection.

22. « Le cyberespace est une forme nouvelle de perspective. Ce n'est pas simplement la perspective visuelle et auditive que nous connaissons. C'est une perspective nouvelle, sans référence aucune : une perspective tactile. Voir à distance, entendre à distance, c'était la base de la perspective visuelle ou sonore. Mais, toucher à distance, sentir à distance, c'est déplacer la perspective vers un domaine qui lui échappait : le contact, le télé-contact. » (Virilio, 1996b, p. 54.)

Chapitre III

Présences du corps-culture

La plasticité des corps : Wells, Kafka, Orwell

> Un jour, tu te pointeras dans cette chambre et tu verras cette chose étrange, un morceau de chair se cramponnant à une console nue. À ce moment, tu t'arrêteras et tu regarderas, parce que tu ne pourras plus dire où se termine la peau et où commencent les circuits et les puces. Ils seront comme fondus l'un à l'autre, et une partie de la console sera aussi vivante que de la chair et une partie de la chair sera aussi morte que la console, et ça, ça sera moi. Tout ça, ça sera moi.
>
> Pat Cadigan

Le corps est à la base de notre perception, de notre conception et surtout de notre modélisation du monde[1]. Par le corps, nous habitons le monde et nous le déchiffrons. La qualité et la forme du corps guident et dictent notre relation physique et psychologique avec ce qu'on appelle très généralement la nature. Les mutations, altérations et amputations qu'il subit racontent l'histoire de l'évolution humaine et environnementale.

Le corps est l'interface entre l'être et son monde. Sur celui-ci apparaissent simultanément cet être et ce monde.

Le corps, tout au long du XXe siècle, aura été, et est encore, un nouveau pays. Qu'il s'agisse du corps des possédés, des contaminés, des torturés, des disséqués et même, aujourd'hui, des internautes, depuis plus d'un siècle maintenant, le corps est un territoire sans fin, continuellement renouvelé et renouvelable, objet fractal par excellence, limité mais infini dans ses formes et ses fonctions, dans ses origines et ses transformations. Le corps est le pays interminable de notre imaginaire.

Si le corps subit des transformations, qu'elles soient « naturelles » ou « artificielles », c'est que sa relation avec son environnement s'altère, c'est qu'il n'existe plus tout à fait de la même façon dans le monde qui l'entoure. C'est d'ailleurs ce qui se dégage des écrits dont il sera question dans ce chapitre.

Dans ces textes, les mutations, métamorphoses et transformations que subissent les protagonistes annoncent clairement l'apparition d'une nouvelle relation entre l'être vivant et son environnement. En fait, ces fictions présentent un modèle d'être vivant que l'on retrouvera souvent dans l'histoire du XXe siècle, un être devenu courant fluide et insaisissable, courant imprécis et diffus, se mouvant dans un océan d'informations tant génétiques que non génétiques. Les protagonistes au corps altéré dont je parlerai sont ces mêmes protagonistes qui réapparaîtront dans les MUD d'Internet, dans les performances sadomasochistes d'un Stelarc et dans les mutilations que subissent les prisonniers de guerre. Comme en témoignent les œuvres évoquées dans ce chapitre, ce siècle est celui du corps plastifié.

~

Afin d'analyser ce phénomène, je me référerai, comme point de départ, à quatre œuvres de fiction :

L'Île du docteur Moreau de Herbert George Wells, *La Métamorphose* et *La Colonie pénitentiaire* de Franz Kafka et *1984* de George Orwell. Pourquoi avoir choisi ces textes ? La première raison tient à la fiction même, ces quatre œuvres nous livrant, chacune à sa façon, une histoire dans laquelle, par le biais d'une pression sociale, culturelle ou technologique, des corps d'êtres vivants (humains ou animaux) subissent d'importantes transformations.

La deuxième raison est historique. Selon Neil Postman, la culture technologique (qu'il nomme « technopole ») voit le jour en 1911 avec la publication du livre *The Principles of Scientific Management* de Frederick Taylor. *La Métamorphose* est publiée en 1915, *La Colonie pénitentiaire*, en 1919 et *L'Île du docteur Moreau*, en 1896. Ces trois nouvelles s'inscrivent donc dans le contexte historique immédiat de cette technopole. De plus, les deux nouvelles de Kafka, ainsi que celle de Wells, marquent (avec quelques autres textes, dont ceux de Jules Verne bien sûr), les débuts de la science-fiction moderne, genre littéraire dont l'influence sur notre société actuelle est indéniable. Publié en 1949, le roman *1984*, bien que moins fondé sur le plan historique, a cependant fortement marqué l'imaginaire de la technoculture en introduisant des concepts tels que le *contrôle de la pensée*, la *double-pensée* et le *novlangue*, qui apparaissent en filigrane dans de très nombreuses réflexions politiques, sociales et culturelles de notre société actuelle.

Le corps plastique du docteur Moreau

Le corps contemporain est le nouveau monde…

Le corps n'est plus « normal », entité fixe et délimitée, appartenant à une classe distincte (mammifères, reptiles, ovipares, etc.). Il a été envahi et il possède dorénavant une sorte de double de lui-même (sa représentation, sa forme culturelle) qui chevauche sa forme originelle. Ce double, ce corps-culture, est un palimpseste, c'est-à-dire un « texte » sur lequel d'autres textes sont visibles (des textes biologiques, certes, mais d'abord et surtout des textes culturels). Le corps contemporain est une sédimentation de mèmes, de représentations, de comportements et d'artefacts. Il est aujourd'hui si contaminé et infecté par des phénomènes non biologiques qu'il en devient méconnaissable.

Dans leur livre *Mille plateaux*, les philosophes Gilles Deleuze et Félix Guattari proposent un terme qui me plaît énormément : celui de *devenir* (ou, plus précisément, de *devenir-animal*). J'aime ce terme, car il évoque une transformation du corps qui n'est pas linéaire mais plutôt « mutante » et « cancérigène », une transformation qui existe dans la tension entre la biologie et la culture.

Le *devenir* propose une déterritorialisation de l'être, il évoque un corps qui, arraché de son identité physique, n'est plus que dynamique de désirs et d'intensité (guerre, meute, folie, etc.). Le devenir souligne l'existence d'un corps profondément « a-biologique » dans un réseau de signes (plutôt que dans un réseau d'organes). Le devenir est un corps sans territoire.

Un corps sans territoire est un corps en exil qui a le mal de lui-même, le mal de son ontologie. Un corps sans territoire est un corps instable qui tente, à la fois, de nier et d'affirmer sa biologie. Plusieurs exemples contemporains (culturisme, implants divers, *body-piercing*, etc.) nous montrent d'ailleurs des corps qui hésitent entre la transparence et la solidification, entre la culture et la biologie. Tous ces corps illustrent la perplexité et l'indécision ontologiques propres à notre état actuel. *Nous vivons le devenir culturel de nos corps.* Nous vivons, biologiquement et idéologiquement, les instabilités et les possibilités de nos corps.

Mais alors, que sommes-nous ? Sommes-nous corps et matérialité ? Organes et frontières ? Ou bien dynamiques et transparence ? Éphémérité et mouvements ? Sommes-nous biologie ou culture ?

Pour Deleuze et Guattari, nous sommes des *Corps sans Organes*. L'image la plus adéquate que proposent ces philosophes est certainement celle de l'œuf, là où le corps, plongé dans l'impossibilité de sa représentation, devient liquide, sans organes (ou plein d'organes), là où seules comptent les dynamiques et les intensités qui le peuplent. Le corps sans organes est un corps sans évolution, sans frontières, sans délimitation et sans biologie. Le corps sans organes est l'être devenu signes. Il est le signe devenu corps. Le corps sans organes est le corps devenu plastique.

~

> Ce n'est pas seulement la forme extérieure d'un animal que je puis changer. La physiologie, le rythme chimique de la créature peuvent aussi subir une modification durable [...]. Vous commencez à voir que c'est une chose possible de transplanter le tissu d'une partie d'un animal à une autre, ou d'un animal à un autre animal, de modifier ses réactions chimiques et ses méthodes de croissance, de retoucher les articulations de ses membres, et en somme de le changer dans sa structure la plus intime. [...] Je voulais – c'était mon seul désir – *trouver la limite extrême de plasticité dans une forme vivante.* (Wells, p. 274 et 275 ; c'est moi qui souligne.)

Qu'est-ce qu'un corps devenu plastique ? Un corps devenu plastique est un corps qui se détache de sa biologie. Il est un corps qui existe, du moins en partie, à l'extérieur du monde biologique et qui dépend de moins en moins des écosystèmes organiques[2]. Un corps devenu plastique est un corps-univers, un corps qui se crée ses propres systèmes physiologiques, psychologiques et génétiques. Le clone, par exemple, est un corps devenu plastique, car il n'existe pas dans le monde biologique. Le clone appartient au monde des idées, des concepts et de la culture. Il est un être sans intégrité biologique, une forme instable et multipliable. Il est un corps illimité, un corps fondamentalement culturel. Bien qu'il soit fait de gènes, le clone est un être « a-génétique », car sa génétique, dans sa production, dans sa dissémination et même dans son existence, n'a aucune relation avec l'univers biologique. Un clone est littéralement un être *fait* de plastique.

Le concept d'être plastique tire son origine de *L'Île du docteur Moreau*[3] de H. G. Wells. Dans cette nouvelle, Wells avance que le corps, dans sa matérialité et dans son essence, peut être fondamentalement transformé. En fait, nous dit Wells, le corps d'un être vivant ne possède pas d'intégrité absolue et rien n'empêche une transposition d'espèce à espèce, puisqu'un corps n'est qu'un matériau malléable et souple. Pour le docteur Moreau, personnage principal de cette nouvelle, le corps animal n'a de raison d'être que s'il est fondu dans la culture humaine (dans la science, dans l'idéologie, dans le pouvoir et l'ambition). Les corps plastiques que crée ce personnage sont des êtres devenus idées, des idées devenues êtres, leur reproduction ne dépendant même plus de la biologie. Wells, dans cette fascinante histoire, propose donc de percevoir les corps des êtres vivants non pas comme des entités uniques et irremplaçables, mais bien comme de véritables clones, c'est-à-dire comme des formes mouvantes, autonomes et multipliables (les bêtes du docteur Moreau vont changer plusieurs fois de spécificité).

Mais comme nous le faisons aussi aujourd'hui à travers les transformations que nous imposons à nos corps, Moreau cherche moins à modifier les êtres vivants qu'à agir sur le monde qui les entoure. Les bêtes torturées par Moreau sont des outils qui permettent à ce dernier de toucher aux structures les plus profondes du monde qui l'enveloppe. En fait, Moreau ne s'intéresse qu'accessoirement aux bêtes qu'il torture. Son but premier n'est pas de plastifier les corps, mais bien de manipuler, par l'entremise de ces corps, la structure fondamentale de l'organique. Le personnage de Wells tente ainsi, par tous les moyens, d'extraire le corps de sa biologie, de lui donner une nouvelle identité, une nouvelle physiologie, une nouvelle structure biologique. Si Moreau cherche tant à trouver «la limite extrême de plasticité dans une forme vivante», c'est qu'il veut étirer la limite physiologique des êtres vivants afin qu'en celle-ci puisse se glisser la culture (sa culture).

Les corps qu'exploite ce «docteur» existent donc *en apesanteur*, c'est-à-dire qu'ils ont été extirpés de toute structure physique et organique (et donc morale), qu'ils ont été affranchis de toute éthique et absous de toute histoire. Pour Moreau, les corps n'ont aucun droit absolu; ils ne sont que des agrégats éphémères et instables, dont la forme et la fonction ne dépendent que de données précises d'un moment précis. Pour ce «docteur», le corps n'existe qu'enchevêtré dans la culture; il n'a d'essence que moulé en celle-ci, rendu plastique par cette dernière.

C'est ainsi que la souffrance, la mutilation et même la torture sont des éléments non seulement essentiels, mais surtout *fondateurs* du texte de Wells (et de très nombreuses œuvres de notre siècle), car elles sont perçues ici comme de véritables outils conceptuels. Pour Moreau, la douleur est le vecteur qui permet le remodelage, car elle seule permet de «sortir» le corps de sa «corporalité» animale (faire souffrir à un point tel que l'organique, le biologique et le physiologique sont rejetés). La douleur, la torture et la souffrance ne sont ici que des méthodes scientifiques...

Et c'est ainsi que le docteur Moreau, cet étrange et terrible personnage concocté par l'imaginaire de Wells, ce docteur Moreau qui mutile, torture et sculpte jusqu'à la mort les êtres vivants, ce personnage terrible et fascinant qui fait de la souffrance et de la douleur sa création, est un symbole parfait de l'enchevêtrement contemporain, souvent douloureux et terrifiant, de la culture dans l'organique. Le docteur Moreau est à la fois le scientifique qui manipule les gènes et celui qui torture au nom de l'eugénisme ; il est tout en même temps le chirurgien esthétique et le médecin des camps de concentration ; il est à la fois répression, art et idéologie.

Peu avant notre époque contemporaine (là où le corps et ses mutations occupent l'avant-scène de nos préoccupations), H. G. Wells a deviné, comme le fera aussi Kafka, que le corps, dans sa forme certes, mais surtout dans son intégrité (dans son essence d'être vivant), deviendrait l'enjeu fondamental du XXe siècle. Car bien avant les invasions diverses, les guerres idéologiques ou les changements paradigmatiques que proposeront Einstein, Freud et Picasso, nous retrouvons le corps et son intégrité, le corps et sa spécificité, le corps et son être. Le XXe siècle a été, d'abord et avant tout, un siècle où les corps des êtres vivants, tant humains qu'animaux, se sont vus plastifiés, modifiés, étirés, introduits, souvent de force, dans le moule de la culture, dans la matrice du non-génétique. Tout le XXe siècle a traité nos corps comme Moreau traitait ceux de ses cobayes (bien que le résultat n'ait pas toujours été aussi violent), c'est-à-dire comme une matière souple qui sert à disséminer de la culture (de l'idéologie, de l'information et de l'art). Qui plus est, tout au long des cent dernières années, le corps plastifié est devenu un territoire nouveau. Le corps n'est plus « moi », il devient véhicule de survie, vecteur, palimpseste, ruche, système et colonie. Comme nombre d'êtres humains au long de ce siècle, les bêtes de Moreau, par les transformations que ce dernier leur fait subir, ont d'abord et avant tout été chassées de leur propre corps. Pour ces bêtes transformées, comme ce sera le cas pour les concentrationnaires, le corps est devenu instable, transparent et multiple. Il est devenu « a-organique ».

Tant dans *L'Île du docteur Moreau* que dans *La Métamorphose* (ainsi que dans *1984*), les transformations que subissent les corps des divers protagonistes suggèrent l'apparition d'un corps « faux » qui n'existe plus dans la biologie. La question est alors lancée : est-on être humain si l'on en est une imitation presque parfaite[4] ? Est-on un être humain si l'on en est un simulacre ?

Kafka, la machine-métamorphose

> Déjà, dans les nouvelles animales, Kafka traçait des lignes de fuite : mais il ne fuyait pas « hors du monde », c'était bien plutôt le monde et sa représentation qu'il *faisait fuir* (au sens où un tuyau fuit) et qu'il entraînait sur ces lignes. (Deleuze et Guattari, 1975, p. 85.)

Les êtres au corps plastique habitent dans un monde qui leur est exclusif, personnel, sans lien ni attache à notre monde organique. Pour survivre, les êtres au corps plastique doivent construire leur propre univers et s'y réfugier, car là seulement il leur est possible d'exister.

C'est ce qu'a vu et compris Kafka au tout début du XXe siècle. Pris dans un monde sur le point de tomber dans d'innombrables et fondamentales transformations, Kafka, comme Wells, a deviné qu'à la base de tous ces changements se trouvait le corps. Un corps nouveau, fait de pressions sociales et de répressions politiques, fait de chair et de gènes, de boulons et d'idéologie. Comme Wells avant lui, Kafka a senti que les corps que nous croyons nôtres ne nous appartiennent plus complètement, qu'ils deviennent précaires, sans organes et remplis d'organes, corps de chair noyés dans des dynamiques politiques, scientifiques et culturelles. Nous partageons maintenant nos corps, avait pressenti Kafka, nous les rendons élastiques, prêts à accueillir en leur sein la technologie, la guerre, la répression, la liberté et l'art.

~

Lorsqu'il écrivit qu'« un matin, au sortir d'un rêve agité, Grégoire [Gregor[5]] Samsa s'éveilla transformé dans son lit en une véritable vermine », Franz Kafka amorçait la création d'une nouvelle importante qui aura une influence considérable sur la littérature contemporaine. *La Métamorphose* est une œuvre fuyante dont l'intention n'est pas claire (le lecteur se sent catapulté au milieu d'une histoire dont il connaîtra à peine les motivations), une œuvre scellée par l'écrasement physique d'un être. Gregor Samsa métamorphosé est une bête à la Moreau, mi-humain, mi-animal, incapable de concilier les instincts de ses deux entités, méprisé par ses supérieurs (son patron, son père, les logeurs) et vivant dans un lieu coupé du monde (sa chambre). La seule issue pour Gregor est la mort dans l'indifférence quasi totale de sa famille.

Mais dans ce texte, Kafka pervertit la relation entre l'être et son corps si fortement que les forces répressives du monde n'ont plus d'emprise sur Gregor. Dès le matin de son réveil, le corps de Gregor Samsa est si transformé que les structures hiérarchiques de sa société (dont Samsa tente à tout prix de s'échapper) implosent en lui. Le corps métamorphosé de Gregor pervertit l'idée d'un corps humain « normal » certes, mais il pervertit aussi toute possibilité d'emprise extérieure sur ce corps. En fait, nous montre Gregor Samsa, un corps déshumanisé corrompt non seulement l'« être » qui l'habite, mais aussi les structures de la société qui résident en lui. Un corps qui a muté est un corps qui souffre d'avoir perdu sa spécificité, et c'est en même temps un corps qui jouit soudain d'une profonde liberté, puisque l'environnement social ne le reconnaît plus.

La métamorphose que subit (ou s'impose?) Gregor, comme ce sera le cas chez nombre de personnages de la littérature cyberpunk, est donc une façon pour ce dernier de glisser dans une autre représentation de l'univers, où les forces répressives d'un monde «normal» ne peuvent exister. Plus Gregor est transformé et moins il a besoin de réfléchir aux problèmes humains. Plus Gregor est transformé, plus il se libère, puisque tout ce qui est humain en lui finit par s'estomper.

Mais cette métamorphose est aussi une punition (mais qui impose cette punition? Voilà une question qui n'est jamais élucidée), car Gregor, le matin de sa métamorphose, fatigué et épuisé par sa tumultueuse nuit de sommeil, se surprend non seulement à vouloir tout laisser tomber, mais aussi à mettre en doute les principes mêmes d'efficacité, de rendement et de productivité de sa société[6]. La transformation de Gregor Samsa est donc à la fois une libération et une punition.

La plasticité qui frappe Gregor agit donc à divers niveaux: elle le punit pour sa désobéissance et son inefficacité, elle modifie son corps et son identité, elle fait de lui un signe qui propage (dans le microcosme qu'est l'appartement des Samsa) la puissance d'une domination patriarcale (puisque chaque fois que Gregor est vu par les autres personnages de l'appartement, son aspect physique, son incapacité à se faire comprendre, sa puanteur, son animalité disent à tous et à toutes: voici celui qui a désobéi, celui qui n'est plus efficace, voici sa punition) et elle lui permet, tout en même temps, d'échapper au monde répressif qui l'entoure[7].

Une grande dualité caractérise donc la métamorphose que subit Samsa, son corps étant à la fois punition sociale et récompense personnelle, à la fois sous son contrôle et en dehors de celui-ci. *La Métamorphose* nous permet d'observer ce qui est, je crois, un des phénomènes les plus fondamentaux de la technoculture : le corps comme monde en lui-même dans lequel la linéarité et la causalité n'existent plus. Il y a, certes, un certain nombre d'hypothèses valables pour expliquer la transformation de Gregor, mais plus ce dernier plonge dans sa métamorphose et devient cancrelat, plus il se transforme en un corps impossible, possédant de moins en moins de liens, non seulement avec le monde organique, mais aussi, et surtout, avec sa propre personne. D'ailleurs, à sa mort, Gregor n'est plus Gregor, il est devenu presque entièrement cancrelat. À sa mort, Gregor est devenu une entité autonome, un véritable insecte sans aucun lien avec le monde humain.

La transformation que subit Gregor (comme celle que subissent les bêtes de Moreau) n'a pas pour but de rendre le monde plus clair, car elle n'appartient pas au monde organique. Le corps de Gregor Samsa n'existe dans aucune compréhension humaine. Il est un corps autre, un corps auquel seul l'accouplement culture/organique a pu donner naissance. En fait, le corps-cancrelat de Gregor Samsa est moins un corps qu'une véritable soupe primordiale de la culture, ébauche d'une nouvelle évolution.

C'est ce corps qu'il sera possible de retrouver disséminé un peu partout dans l'histoire du XXe siècle. Le cancrelat Samsa n'est pas unique à la nouvelle de Kafka ; il réapparaîtra dans les peintures d'un Bacon, dans les corps décharnés des concentrationnaires, dans ceux des victimes de famines africaines. C'est le corps-cancrelat de Gregor Samsa qui apparaîtra en filigrane dans les corps de starlettes sculptés au bistouri, de sportifs transformés par la science, dans ceux, étranges, mi-cauchemars, mi-machines, que propose le cinéma de l'horreur ou de la science-fiction, dans ceux de clones, d'animaux transgéniques et de mutants divers à la structure génétique instable et mouvante. Tous ces exemples sont les produits de l'union intime entre l'organique et le culturel. Comme Gregor Samsa, comme les bêtes de Moreau, tous ces êtres plastiques, faits à la fois de biologie et de culture, sont en quelque sorte des êtres nouveaux, fabriquant, à mesure qu'ils les explorent, leur propre corps, leur propre système, leur propre territoire, à la fois répressifs et libérateurs.

La Métamorphose de Kafka, comme la nouvelle de Wells, me semble donc fondamentale pour comprendre le phénomène du corps plastique tel que nous le vivons aujourd'hui. Car ce n'est pas Gregor, le bureaucrate, qui possède la clé de cette nouvelle, ce ne sont pas les possibles raisons de sa métamorphose qui peuvent expliquer cette dernière. En fait, tout comme cela est le cas pour les corps plastiques contemporains, tout comme c'est le cas pour le culturiste ou pour l'adolescent aux lèvres percées, c'est l'être déjà transformé qui détient le sens de ces transformations. C'est le cancrelat-Gregor qui héberge l'intelligibilité du corps-culture qu'il est devenu. Le sens n'est donc plus à chercher dans la causalité humaine, car cela est un phénomène propre à l'organique. Le sens de la plasticité du corps de Gregor Samsa est dans la transformation elle-même.

~

Qui lit Kafka sait que ce dernier, dans tous ses textes, s'amuse à dérouter ses lecteurs en les entraînant dans d'immenses labyrinthes psychologiques. Qui lit Kafka sait qu'il est le paratonnerre de son époque, l'antenne des temps à venir, qu'en lui s'entremêlent et se chuchotent certaines des horreurs les plus terribles de notre siècle. Et pourtant ! Et pourtant, chaque fois que l'on lit *La Colonie pénitentiaire*, on est surpris par cette nouvelle, par sa cruauté, par son mélange de détachement et de passion. Mais surtout, on est fasciné par la relation qui y est décrite entre l'homme et la machine, entre la peau et la culture, entre la douleur et le moteur.

La Colonie pénitentiaire n'est pas une nouvelle uniquement politique ou sociale. Ce texte porte aussi sur le mariage entre la génétique et la technologie. Mais comment comprendre, dans ce texte, la relation entre le corps et la machine ? (Comment comprendre leurs interactions ? Comment décoder leur enchevêtrement ? Comment lire le territoire qu'ils habitent l'un dans l'autre ?) Pour aborder ces questions, il faut s'arrêter à la description de la justice qui est pratiquée dans cette colonie.

Un voyageur étrange, dont la raison d'être n'est pas claire, apprend qu'un soldat a été condamné par ses supérieurs. Celui-ci, découvre-t-on assez rapidement, ne connaît cependant ni sa sentence ni sa punition. En fait, il ne sait même pas qu'il est accusé.

> Le voyageur se proposait de poser diverses questions, mais, à l'aspect de l'homme, il demanda simplement :
> – Connaît-il la sentence ?
> – Non, dit l'officier. [...]
> – Il ne connaît pas sa propre sentence ?
> – Non, répéta l'officier [...].
> Puis il dit :
> – Il serait inutile de la lui faire savoir puisqu'il va l'apprendre sur son corps. (Kafka, 1948, p. 17 et 18.)

Dans ce court dialogue entre l'officier et le voyageur, Kafka s'amuse à briser le lien qui unit la justice à la punition. Mais cela est une interprétation incomplète. En fait, la justice a un sens ici, mais celui-ci n'est apparent que dans l'enchevêtrement homme/machine (c'est-à-dire que ce sens est clair uniquement si l'on considère l'homme/machine comme un monde en lui-même, sans lien véritable avec le monde environnant).

Kafka ira si loin dans ce mode de pensée qu'il proposera une apesanteur de sens complète dans laquelle basculera même l'officier[8] qui, lors de la torture qu'il s'impose, ne sera même plus capable de comprendre l'enchevêtrement homme/machine comme une construction juridique en soi[9]. La seule justice qui reste à ce moment est celle de la machine accouplée avec l'être humain (l'être humain et la machine deviennent alors un corps autonome, totalement intégrés l'un à l'autre). C'est la machine dans l'être humain, la machine inséparable de l'être humain (dont le sens n'existe qu'entremêlé dans cet humain) qui donne sens à cette nouvelle. C'est cette interaction qui « contrôle » l'intelligibilité de la justice qui est pratiquée dans la colonie, c'est elle qui « fait » que cette justice n'est pas axée sur ce qui est juste ou injuste (puisque cela est une intelligibilité humaine), mais bien sur ce qui est enchevêtré ou non. Peu importe qui est soumis à la torture de la machine, car cela n'a aucune importance. La machine de cette colonie pénitentiaire doit s'enchevêtrer, voilà la seule chose qui compte, la justice humaine n'étant ici qu'accessoire. La « justice » de cette colonie n'a d'autre but que de « nourrir » la machine au corps et le corps à la machine.

> On ne peut évidemment pas se servir d'une écriture simple, elle ne doit pas tuer sur-le-champ, mais en moyenne dans un délai de douze heures ; c'est à la sixième heure que l'évolution doit se dessiner. Il faut donc que l'écriture proprement dite s'accompagne d'une foule d'arabesques ; [...] Mais, comme il [le condamné] devient calme à la sixième heure ! L'esprit le plus stupide s'ouvre alors. Cela commence autour des yeux, puis rayonne et s'étend. Un spectacle à vous donner la tentation de vous mettre aussi sous la herse. Il ne se passe d'ailleurs plus rien, l'homme commence seulement à déchiffrer l'inscription, il avance les lèvres comme s'il épiait. Vous avez vu qu'il n'est pas facile de lire cette écriture avec les yeux ; eh bien, l'homme la déchiffre avec ses plaies. (Kafka, 1948, p. 23 et 25.)

« L'homme commence seulement à déchiffrer l'inscription », car il est alors physiologiquement transformé par la torture que lui fait subir la machine. Comme les bêtes de Moreau, comme Gregor Samsa, le condamné soumis aux mutilations se transforme non seulement physiquement, mais aussi ontologiquement (puisque les arabesques illisibles que trace la machine sur son corps lui paraissent, après plusieurs heures, soudainement compréhensibles. Elles sont soudainement lisibles, car c'est toute l'ontologie du condamné qui, par la souffrance et l'enchevêtrement, glisse vers un état second). Comme ç'a été le cas dans les nouvelles analysées précédemment, c'est dans la plasticité des corps que se trouve le sens de cette nouvelle, puisque c'est dans la façon dont le corps est torturé que se lit la relation entre l'être humain et la société. Dans l'enchevêtrement, l'homme et la machine ne font plus qu'un; ils n'existent plus que dans une dynamique qui leur est propre, là où le corps est à la fois machine (c'est-à-dire sans organes) et où la machine est à la fois corps (c'est-à-dire avec organes), là où corps et machine se déplacent, se dédoublent et finalement créent une «entité» unique qui n'est plus qu'une somme d'influences et de dynamiques, une entité qui n'est ni corps, ni machine, ni organique, ni technologique, mais bien un amalgame instable de tous ces éléments. Comme Samsa dans *La Métamorphose*, l'officier finit ici par s'abstraire de son monde et pénètre dans un territoire nouveau, là où son corps et son existence sont remodelés, là où la machine et lui ne font plus qu'un. Chez Kafka, comme ce sera le cas dans les œuvres cyberpunks de la fin des années quatre-vingt, ce sont donc les corps devenus machines qui portent l'intelligibilité du monde.

«Nous sommes des morts»

Mais la révolution corporelle du XXe siècle ne s'est pas faite sans heurts. Le corps-culture, le corps plastique est aussi, bien souvent, le corps-douleur. La plasticité des corps, si elle est un enfantement, est aussi, tout à la fois, un avortement. Les corps des bêtes de Moreau, le corps-cancrelat de Gregor Samsa et les corps plastifiés de ce siècle partagent tous cette dualité.

> Comment un homme s'assure-t-il de son pouvoir sur un autre, Winston ?
> Winston réfléchit :
> – En le faisant souffrir, répondit-il.
> – Exactement. En le faisant souffrir. L'obéissance ne suffit pas. Comment, s'il ne souffre pas, peut-on être certain qu'il obéit, non à sa volonté, mais à la vôtre ? Le pouvoir est d'infliger des souffrances et des humiliations. Le pouvoir est de déchirer l'esprit humain en morceaux que l'on rassemble ensuite sous de nouvelles formes que l'on a choisies. Commencez-vous à voir quelle sorte de monde nous créons ? C'est exactement l'opposé des stupides utopies hédonistes qu'avaient imaginées les anciens réformateurs. Un monde de crainte, de trahisons, de tourment. Un monde d'écraseurs et d'écrasés, un monde qui, au fur et à mesure qu'il s'affinera, deviendra plus impitoyable. Le progrès dans notre monde sera le progrès vers plus de souffrance. L'ancienne civilisation prétendait être fondée sur l'amour et la justice. La nôtre est fondée sur la haine. Dans notre monde, il n'y aura pas d'autres émotions que la crainte, la rage, le triomphe et l'humiliation. Nous détruirons tout le reste, tout. (Orwell, p. 376.)

Bien sûr, une certaine douleur est inévitable lorsque le corps subit diverses mutations, mais la quantité et l'intensité de cette douleur, tout au long des cent dernières années plus particulièrement, ne sont pas uniquement le résultat de transformations. La terreur du corps-culture trouve son origine dans l'émergence de ce que j'appellerai les *prêtres du corps-culture.*

Déjà Moreau, dans la nouvelle de Wells, fait office de prêtre du corps-culture. Qu'est-ce qu'un prêtre du corps-culture ? C'est un être qui nie le corps dans son individualité biologique. Pour un prêtre du corps-culture, le corps n'a d'autre fonction que de disséminer une culture particulière. Pour lui, le corps n'a aucune spécificité biologique et son existence organique n'est possible qu'au service d'une idéologie massive. Un prêtre du corps-culture considère l'individu comme totalement asservi à la culture; ce n'est alors ni le groupe, ni l'individu, ni même ce qu'on appelle faussement la race qui comptent (et ce même si cela peut sembler être le cas), c'est la culture et sa propagation.

Pour un prêtre du corps-culture, le corps individuel, organique et indépendant est un obstacle à la dissémination de la culture. Pour qu'un corps soit efficace, il ne doit même pas se soumettre (car cela sous-entend une conscience), il doit carrément disparaître (afin d'être idéologie, le corps-culture se doit d'être en apesanteur totale, désancré, déchiré, effacé). Pour un Hitler, par exemple, le corps d'un concentrationnaire n'a qu'une seule utilité: diffuser le nazisme. Le corps d'un concentrationnaire subit tortures, terreurs et souffrances non seulement parce que cela permet d'en extirper toute humanité (et de le faire alors complètement disparaître; le corps d'un concentrationnaire n'existe pas en tant que corps humain, mais bien en tant que symbole nazi), mais aussi, et surtout, parce que cela choque, horrifie et terrifie. Plus la réaction aux atrocités nazies est forte (plus le corps se voit être effacé par les horreurs qui l'ont envahi), plus il est alors difficile d'oublier les terreurs nazies. Plus les souffrances imposées au corps sont grandes et plus l'idéologie nazie survit, semée à jamais dans l'imaginaire social.

Le but des nazis n'était pas seulement de faire disparaître les Juifs, les Tziganes ou les opposants au régime ou de créer une « race » parfaite, parfaitement moulée et totalement dépendante d'une idéologie, le but premier était de disséminer l'idéologie nazie à travers le temps et l'histoire (l'Aryen n'est rien d'autre qu'un corps-culture si parfaitement plastifié qu'il en perd toute spécificité humaine ; chaque corps aryen est une partie de l'appareil idéologique nazi et n'a, en fait, pas plus de valeur, pour cette idéologie, que les corps des concentrationnaires, l'un et l'autre appartenant à l'écosystème culturel). Nombreux sont ceux qui ont raillé Hitler à propos de son Reich de mille ans. Il est malheureusement clair que, dans l'écosystème de l'histoire et des idées, rien n'est plus vrai. Le IIIe Reich d'Hitler ne s'éteindra pas de sitôt, et ce justement parce que les nazis ont réussi à contaminer, par l'horreur, l'imaginaire commun. Par les sévices qu'ils ont exercé sur les concentrationnaires, les nazis ont réussi à s'immiscer totalement dans l'environnement culturel. Les corps des concentrationnaires ont été à ce point manipulés, torturés, plastifiés qu'ils en sont aujourd'hui inoubliables, qu'ils existent maintenant à jamais dans notre mémoire collective. Les nazis avaient compris, peut-être inconsciemment il est vrai, cette terrible équation ; leur manie de tout enregistrer, photographier et filmer le prouve d'ailleurs bien.

Un corps plastifié est un véhicule permettant à une culture particulière de mieux survivre et ainsi de se propager plus efficacement. Chaque corps plastifié (dans la fiction comme dans la réalité) participe à la dissémination d'une perception particulière du monde (dans la technoculture, par exemple, chaque chirurgie plastique, chaque texte, chaque film mettant en scène des corps plastifiés dissémine l'idée de l'enchevêtrement biologie-culture). Un corps plastifié est non seulement le produit d'une culture, il est le véhicule de survie et de propagation de cette même culture.

Et cela, tous les prêtres du corps-culture l'ont compris. Peu importe si un régime perdure ou non. Peu importe si une répression résiste ou non aux années : l'important est de créer des corps-culture qui, débarrassés de toute fragilité organique, peuvent tendre à l'immortalité.

La douleur, si elle est suffisante pour faire fléchir un animal, pour le dénaturer à un point tel qu'il ne comprend plus son être (comme dans la nouvelle de Wells, par exemple), ne suffit pas toujours pour faire flancher un être humain. En fait, et cela tous les prêtres du corps-culture du XXᵉ siècle l'ont compris, pour atteindre le corps dans son essence la plus profonde, pour anéantir sa spécificité la plus protégée et unique, il ne faut pas simplement le torturer et le plastifier, il faut faire disparaître le monde autour de lui. Pour qu'un corps pénètre dans l'écosystème culturel, il doit « comprendre » qu'autour de lui le monde organique n'existe plus…

~

> Si vous désirez une image de l'avenir, imaginez une botte piétinant un visage humain… éternellement. […] Et souvenez-vous que c'est pour toujours. Le visage à piétiner sera toujours présent. L'hérétique, l'ennemi de la société, existera toujours pour être défait et humilié toujours. Tout ce que vous avez subi depuis que vous êtes entre nos mains, tout cela continuera, et en pire. L'espionnage, les trahisons, les arrêts, les tortures, les exécutions, les disparitions, ne cesseront jamais. Autant qu'un monde de triomphe, ce sera un monde de terreur. Plus le Parti sera puissant, moins il sera tolérant. (Orwell, p. 377.)

Qui n'a pas lu *1984*? Qui n'a pas été frappé, terrifié et ému par ce livre? Qui n'a pas pleuré pour Julia et Winston dont les seuls crimes étaient de vouloir vivre et s'aimer? Je me rappelle encore la première fois que j'ai lu ce livre. J'avais vingt ans, j'étais étudiant et je travaillais les fins de semaine. Cette semaine-là, c'était en hiver, j'avais emprunté *1984* à la bibliothèque du collège. Quelle surprise m'attendait! Je fus complètement renversé par ce livre. Soudain, les leurres politiques du monde m'apparaissaient si évidents. Soudain, la cruauté et l'horreur humaines me sautaient aux yeux. Soudain, toute la propagande internationale me semblait si claire et précise. Ce livre me troublait à ce point que je l'emportais même avec moi au travail, arrachant à d'abrutissantes heures de lavage de vaisselle quelques instants ici et là pour poursuivre ma lecture. Quel livre ! J'en étais profondément marqué…

Aujourd'hui, plusieurs années plus tard, ce livre me fascine et me trouble toujours. J'y vois encore, comme j'ai eu rarement l'occasion de le faire, la terreur et l'oppression du monde, l'inhumanité profonde des êtres humains, la puissance de l'horreur et surtout la fragilité de la démocratie et du contrat tacite qu'elle implique. J'aime bien revenir à ce livre quand j'oublie de penser au monde qui m'entoure, quand je me recroqueville sur mes pensées et sur leurs abstractions et surtout quand je me perds dans l'utopie de la technoculture en oubliant la faim, la souffrance et la terreur qui règnent encore en maître pour la majorité des êtres humains.

Mais la terreur la plus profonde que suscite le livre d'Orwell ne vient pas de la souffrance (bien qu'il soit impossible de la nier), car celle-ci, dans son horreur, ne dépasse pas, dans sa terrible banalité, celle des camps de concentration. La terreur, dans l'univers orwellien, vient plutôt du fait qu'on n'y retrouve plus le monde. Qu'est-ce que je veux dire par cela ? La puissance de la répression dans l'Océania orwellienne prend sa force dans l'absence : absence de produits, absence d'amour, absence de plaisir, de vérité, de sécurité, mais surtout absence de signes. L'Océania orwellienne est un monde vidé de toutes représentations. Certes, certaines représentations continuent d'exister (la pyramide du ministère de l'Amour, le télécran, etc.), mais l'essence de cette société est l'appauvrissement sémiotique (dont le *novlangue*[10] est un excellent exemple). Tout, du journal personnel de Smith jusqu'au petit morceau de corail en passant par les comptines pour enfants, finit par être effacé, éliminé, annihilé même. Le but ultime du Parti dans *1984* est l'effacement complet de toutes représentations (la principale étant, bien sûr, l'être humain). L'être humain n'est pas seulement torturé dans ce livre, le but n'est pas simplement de le convertir ou de lui faire avouer ses crimes (si crime il y a); le but premier et principal est plutôt de le dépouiller de toutes les possibilités d'« être ». Aimer Big Brother veut dire cesser d'exister; aimer Big Brother signifie se débarrasser de toutes compréhensions et de tous sens humains. Dans cette Océania ne subsiste que la mort. Le vide et la terreur que l'on ressent en lisant ce livre viennent ainsi de l'impossibilité de s'y retrouver et d'y retrouver l'univers. Tout comme les nazis de la Seconde Guerre, tout comme les services secrets de Staline, tout comme les Khmers rouges, tout comme les militaires de Pinochet, le Parti de *1984* ne pratique pas simplement l'homicide, il pratique d'abord et surtout le « cosmocide », le meurtre du cosmos.

C'est ainsi que le Parti de l'Océania orwellienne pourra atteindre des proportions inégalées, puisque seul dans un univers sans monde, il est alors libre de tout temps, de toute histoire et surtout de toute filiation sémiotique. Sans signe, c'est le monde en entier qui bascule dans le vide et l'absence. Sans signes, il n'y a plus qu'inhumanité, non-humanité, « a-humanité ». C'est dans un tel monde qu'habite Winston Smith, c'est contre un tel monde qu'il se bat. Car Smith est une véritable « colonie » de signes: il écrit, il chante, il pense, il lit, il fait l'amour, il discute, il se souvient. Cependant devant lui se trouve non pas un ennemi, un monstre, une armée, mais bien un trou noir, une absence totale. Non seulement le temps humain disparaît-il, mais c'est en fait toute l'existence qui finit par s'effacer. Ne reste que le Parti. Le Parti devient la caution absolue. Il est le seul cosmos possible. Et c'est pourquoi ni le temps, ni l'histoire, ni la justice, ni la raison, ni la vérité n'ont de valeur dans *1984*. Tous ces éléments ont été dépouillés de leur humanité.

Sans production ni consommation de signes, il est impossible de fonder un monde humain. Sans ces derniers, les bases fondamentales de notre existence disparaissent, repoussées dans un magma primordial où tout est, où rien n'est. Dans *1984*, le Parti efface non seulement tout absolu, mais aussi toute possibilité de réfléchir sur les signes, de les voir, de savoir qu'il est possible de les questionner. Sans signes, Winston Smith ne peut donc se prétendre vivant, présent, pensant, car il n'existe plus d'humanité sur laquelle il peut asseoir une réflexion. Le Parti de l'Océania est le prédateur le plus terrible qui soit, puisqu'il se nourrit d'ontologie, de signes et de mondes.

> Te rends-tu compte que le passé a été aboli jusqu'à hier? S'il survit quelque part, c'est dans quelques objets auxquels n'est attaché aucun mot, comme ce bloc de verre sur la table. Déjà, nous ne savons littéralement presque rien de la Révolution et des années qui la précédèrent. Tous les documents ont été détruits ou falsifiés, tous les livres réécrits, tous les tableaux repeints. Toutes les statues, les rues, les édifices, ont changé de nom, toutes les dates ont été modifiées. Et le processus continue tous les jours, à chaque minute. L'histoire s'est arrêtée. Rien n'existe qu'un présent éternel dans lequel le Parti a toujours raison. (Orwell, p. 221.)

C'est d'ailleurs ce phénomène qui est illustré par la «double-pensée[11]». Car qu'est-ce que cette structure, qui admet simultanément le réel et l'irréel, le vrai et le faux, la vérité et le mensonge, si ce n'est une dynamique dont l'unique but est la disparition de tous les signes? La double-pensée n'existe que par elle-même; elle est, comme le Parti, autosuffisante, c'est-à-dire qu'elle n'a pas besoin d'un monde extérieur, d'un monde physique et sémiotique pour exister et pour se légitimer. La double-pensée exclut non seulement toute différence, mais aussi toute possibilité de différence. Chaque fois qu'elle est utilisée, elle oblige celui qui l'utilise à vivre dans un monde appauvri. Lorsque O'Brien réfléchit en double-pensée, il existe au moyen d'un monde vidé de toute existence et de tous les êtres vivants.

L'horreur de *1984*, le dégoût que nous ressentons à la description de Winston Smith sur la table du bourreau sont à l'origine non pas de ses blessures, mais bien de son vide. Et si, à la fin du livre, Winston et Julia sont encore vivants, c'est qu'ils ont été dépouillés de toute signification, qu'ils ne sont plus que des systèmes vides qui ne peuvent plus consommer ni produire de représentations. À la fin de ce roman, Winston et Julia n'ont plus aucun lien avec le monde des êtres vivants[12].

La profonde terreur que l'on peut ressentir en lisant ce très grand livre de George Orwell découle d'un phénomène que nous retrouverons tout au long du XXe siècle : la perte du monde. Dans cette œuvre, le monde glisse sous les pieds des protagonistes, il disparaît littéralement. Face à ce désert, le corps, l'être, le vivant ne sont plus possibles. La représentation hisse l'être hors du désordre primordial. Sans elle, l'être retourne à ce désordre, il n'a plus ni corps, ni ontologie, ni unité. Il redevient chaos, chutant alors constamment vers le vide. Sans signe, ou emprisonné dans un univers monosémique, l'être vivant se liquéfie et se fond dans l'informe et la mort.

~

La transformation de Gregor Samsa, les tortures imposées par Moreau, les souffrances de *La Colonie pénitentiaire* et les profondes répressions de l'Océania orwellienne nous paraissent incompréhensibles, car elles ne correspondent plus aux intentions, réactions et interactions humaines. L'intelligibilité de ces transformations est apparente uniquement lorsqu'on cesse de percevoir le corps organique comme l'élément fondateur de l'être humain, «le premier modèle» par lequel ce dernier comprend le monde. L'intelligibilité du corps humain face à ces transformations et face à ces phénomènes émerge lorsque le corps est perçu comme fondé dans la culture. Le corps-cancrelat, le corps concentrationnaire, le corps machine est un corps avorté de sa biologie, un corps enfermé dans un monde dénué de sens humain.

Les cyberpunks : terroristes du corps

> La prochaine étape, particulièrement compliquée, consistait à arrêter d'être si rigoureusement multicellulaire. Mia serait immergée d'une façon fœtale dans un réservoir de fluides gélatineux. Elle serait alimentée grâce à un nouveau cordon ombilical. Les cheveux et la peau devaient être enlevés. La production de globules rouges serait stoppée et le plasma serait remplacé par un fluide de couleur paille, toxique pour tout ce qui n'est pas exclusif aux mammifères. Tous les organismes ataviques du corps devaient être détruits.
>
> Bruce Sterling

Les œuvres abordées dans les pages précédentes nous ont permis d'examiner des ébauches de corps-culture. Nous verrons, dans les pages qui vont suivre, d'autres esquisses de corps-culture, celles-ci plus contemporaines. En fait, les corps-culture dont il sera question appartiennent à un genre artistique particulier nommé *cyberpunk*. Pourquoi ce genre plutôt qu'un autre ? Le cyberpunk est une des premières sources de stylisation de la culture technologique contemporaine, c'est d'ailleurs beaucoup par le biais de ce mouvement artistique que l'imaginaire technologique actuel s'est formé. C'est aussi par l'entremise de ce mouvement que s'est formée la perception que nous avons aujourd'hui du cyberespace (le mot « cyberespace » a d'ailleurs été inventé par l'écrivain cyberpunk William Gibson). Mais surtout, ce mouvement artistique donne de très intrigantes descriptions de corps plastifiés par le pouvoir, la technologie et la culture. Dans les fictions cyberpunks (et ce tout autant en littérature qu'au cinéma), les corps sont véritablement sans organes et pleins d'organes, tout en mouvement et en devenir. Les œuvres cyberpunks parlent, d'abord et avant tout, de la plasticité de l'ontologie.

~

> Les innovations radicales de l'art représentent les stades préverbaux de nouveaux concepts qui vont tôt ou tard changer une civilisation. Qu'il s'agisse d'un enfant ou d'une société, l'assimilation d'images inconnues engendre une nouvelle façon de réfléchir sur la réalité. [...] L'art d'avant-garde avertit les autres membres de la société qu'un changement paradigmatique est sur le point de se produire dans le système conceptuel de perception du monde. (Shlain, p. 17-18.)

Qu'est-ce que le cyberpunk? Comment définir ce mouvement artistique[13]?

Alors qu'à sa création ce terme désignait plus particulièrement les œuvres d'écrivains d'une « nouvelle » science-fiction tels que William Gibson et Bruce Sterling, il a, depuis, acquis une plus grande extension. Aujourd'hui ce terme, bien qu'il soit moins populaire qu'il y a quelques années (et ce parce que nombre de critiques conçoivent, à tort je crois, le mouvement cyberpunk comme un phénomène très éphémère, propre aux années quatre-vingt), tend à désigner toute une section de l'art contemporain. Aussi bien des films, des livres, de l'art visuel que de la musique peuvent être qualifiés de cyberpunks.

Mais que sont exactement les cyberpunks? Que représentent-ils? Que disent-ils? Cette question n'est pas simple. J'utiliserai comme point de départ une définition formulée par l'écrivain américain Bruce Sterling, porte-parole officieux du mouvement, dans la préface de l'anthologie *Mirrorshades.*

> La technologie elle-même s'est transformée. Nous n'aimons plus les immenses machines à vapeur d'un passé récent: le barrage Hoover, l'Empire State Building, la centrale nucléaire. La technologie des années quatre-vingt colle à la peau, elle est sensible au toucher: l'ordinateur personnel, le Walkman de Sony, le téléphone portable, les lentilles cornéennes souples. Certains thèmes reviennent constamment dans le cyberpunk. L'idée du corps envahi par des technologies, par exemple: prothèses, circuits implantés, chirurgies esthétiques, manipulations génétiques. L'idée, encore plus frappante, de l'esprit envahi par des ordinateurs, par l'intelligence artificielle, par la neurochimie – tout cela représentant des techniques qui redéfinissent radicalement la nature de l'humanité, la nature de l'être. [...] Les cyberpunks, eux-mêmes hybrides, sont fascinés par les interzones. (Sterling, 1986, p. XI.)

Mais les fictions cyberpunks ne parlent pas uniquement de l'identification de l'homme à la machine, elles sont aussi (et surtout) l'histoire de l'émergence d'un nouveau corps-culture (nouveau, car celui-ci est essentiellement «soumis» à la culture informatique). Les fictions cyberpunks sont des histoires d'union entre le sang et le silicone, entre l'âme et l'algorithme, les écrivains cyberpunks se plaisant à déchirer l'«être» afin d'y implanter le (ou les) réseau(x). Pour ces écrivains, le corps n'est rien s'il n'est pas culture. Pour un cyberpunk, l'existence est un territoire dans lequel interagissent la biologie, la technologie et la culture.

Quelles sont les caractéristiques distinctes de ce genre artistique?

Les histoires cyberpunks se déroulent généralement dans un moment du futur plutôt proche (une cinquantaine à une centaine d'années). Une fiction cyberpunk typique nous présente, dans ce futur proche, une société chaotique, gouvernée par un malstrom de bandes de rue, de multinationales et de mercenaires, le tout cohabitant tant bien que mal dans des mégacités dont la taille est celle de véritables provinces (le Sprawl de Gibson, par exemple, est une «ville» qui va de Boston à Atlanta[14]).

Dans ces mégacités coexistent généralement pauvreté matérielle extrême et instruments de haute technologie (souvent au même endroit, d'où l'association cyber et punk). Cependant, pour les cyberpunks, la technologie n'est pas la chasse gardée des classes dominantes. Au contraire, ils la perçoivent (piratée et transformée) comme fondamentalement subversive dans le sens où elle est presque toujours «corrompue» par «la rue» à des fins non prévues par le pouvoir (quel qu'il soit[15]). Pour les cyberpunks, la technologie est une libération, car elle permet de survivre et d'accéder aux sphères du pouvoir économique. D'ailleurs, les technologies présentes dans ces fictions ne sont pas représentées par des machines coûteuses, posées sur un bureau, symboles de la réussite sociale. Au contraire, elles sont généralement souples, plastiques et populaires, profondément imbriquées dans le corps humain, à la fois *wetware*, *software* et *hardware*. Pour les cyberpunks, la technologie est en voie de se fondre à l'être humain et de devenir biologie[16].

Cette «biologisation» permet aux cyberpunks de concevoir les technologies de l'information (ordinateur, intelligence artificielle, vie artificielle, Internet, etc.) comme des éléments fondamentaux (et parfois même fondateurs) de la biosphère. Dans les romans et les films de ce genre artistique, les technologies dominent la narration, elles sont le nœud de cette dernière ; par elles et en elles, les personnages naissent, vivent, meurent et renaissent. Mais surtout, par elles et en elles émerge le nouveau vivant.

Dans ces fictions, les technologies symbolisent la matrice (dans son sens informatique mais aussi biologique), le Graal, le lieu de toutes les résolutions. En elles se trouvent rédemptions, réponses et fortunes ; en elles se trouve aussi la perte, car l'accès à ces technologies n'est possible, dans cet univers peuplé de réels « a-humains », qu'à travers l'abnégation du corps…

~

> Il déploya sa conscience avec prudence. C'était comme être à plusieurs endroits à la fois, absorbant l'information à la vitesse de la lumière et l'analysant en nanosecondes aussi naturellement qu'il le faisait auparavant en minutes et en heures. Il était à l'aise avec plusieurs consciences et un seul centre, les deux cohabitant dans son être. Le vieux morceau de viande organique n'aurait jamais été capable de comprendre cette réalité, mais ici, il s'appropriait les réalités aussi facilement que s'il avait été en train d'échanger une chemise trop petite pour une plus grande. (Cadigan, 1991, p. 325.)

En fait, ce qu'illustrent les fictions cyberpunks, c'est l'émergence d'une sorte de schizophrénie chez l'être humain non seulement par rapport à sa société, mais aussi, et surtout, par rapport à son corps et à sa modélisation du monde. Pour les cyberpunks, le corps n'a plus aucune intégrité biologique propre (et il est, en ce sens, en filiation directe avec ceux de Gregor Samsa, de Winston Smith et les bêtes de Moreau). Dans le modèle cyberpunk, le corps n'est pas un tout homogène, il est plutôt une mosaïque souple et perméable que plusieurs peuvent posséder. En fait, le protagoniste cyberpunk perçoit son corps comme fondamentalement étranger. Pour lui, ce corps qui le forme n'est pas le sien, il n'est ni son essence ni sa matérialité ; il est plutôt hôte d'une multitude d'autres présences, bien souvent parasitaires (phénomène bien illustré par divers films de science-fiction dont la trilogie *Alien*).

La fiction cyberpunk évoque une existence altérée dans un lieu où les corps vivants se fondent avec les machines, les réseaux et l'économie[17]. C'est donc moins la structure des sociétés qui est au centre des préoccupations cyberpunks que l'unicité de l'être vivant. Pour un cyberpunk, le « moi » humain n'existe que tissé dans un corps multiplié dans lequel cohabitent technologie, société et culture.

En définitive, le cyberpunk trouve son unité dans la fragmentation et la multiplicité de son être. Comme une abeille dans un essaim, le corps cyberpunk, une fois immergé dans une multitude (tel Internet), devient comportements, attitudes et réactions de cette dernière. Bref, par son immersion totale dans une multitude, le cyberpunk, soudain, se découvre un sens et une appartenance. Paradoxalement, c'est donc par la perte de son individualité que le cyberpunk clame son ontologie...

Il y a donc, chez les cyberpunks, un désalignement profond entre l'existence et sa manifestation, ce qui finit d'ailleurs par provoquer une dissociation. Le résultat de cette dissociation est la production de corps si transformés, si désalignés, si désynchronisés par rapport à leur origine qu'ils en deviennent « impossibles ». Les corps cyberpunks sont donc tout à la fois horribles, étranges et mystérieux (pensons à l'*alien*, à Robocop, à Terminator, etc.), car ils n'ont aucune véritable attache au corps biologique. Leur corps est, en fait, si désynchronisé par rapport à un corps organique « normal » que la forme et la structure deviennent aléatoires.

Désynchronisés, indéfinissables, les cyberpunks sont donc « à la fois une machine philosophique qui peut créer le monde à son image *et* une liberté auto-destructrice[18] ». Le terme même de cyberpunk, contraction de deux mots de sens opposé (soit cybernétique, science du contrôle absolu, et punk, culture du désespoir et du chaos), reflète d'ailleurs bien la désynchronisation et sa production de corps « impossibles ». Les cyberpunks sont des exemples très précis de corps-culture, amalgame étrange de biologie transformé et sculpté à ce point par la culture que toute référence biologique (la spécificité des organes, par exemple) devient soudain aléatoire. Selon Istvan Csicsery-Ronay Jr., la caractéristique du cyberpunk est l'effondrement, toutes les structures fondamentales pour la définition du vivant et du social (biologiques, philosophiques, culturelles, politiques et économiques), coupées de leur référent, s'affaissant sur elles-mêmes.

C'est d'ailleurs cet effondrement (provoqué par la désynchronisation) qui déséquilibre complètement la société cyberpunk. Les protagonistes cyberpunks vivent dans une sorte de fusion extrêmement rapide d'événements dans lesquels n'existent ni la possibilité de réfléchir sur le passé ni celle d'anticiper l'avenir. Comme Gregor Samsa, les cyberpunks vivent la transformation, mais vivent surtout *dans* la transformation, et ce à une intensité telle qu'il ne leur reste aucune possibilité de regard objectif sur leur condition.

Au-delà de leurs discours, au-delà des structures politiques, esthétiques et technologiques qui les caractérisent, les personnages cyberpunks proposent la réflexion suivante : nous ressemblons à ce fameux Gregor Samsa, fragmentés, multipliés, schizophrènes (dans le sens de la séparation entre le moi et le corps) et implosés dans une construction du monde qui, tout à la fois, nous définit et nous nie.

– C’est un cheval [...].

– « Très bonne race. [...] Une coquille sans esprit, sans désir, sans âme, aussi androgyne qu’une petite poupée », me dit-elle – à moi – si elle me parlait, puisqu’elle ne s’adressait pas à moi. Elle était sûre que je n’existais pas. [...] « Un nouveau et pimpant cerveau sans locataire. Une bouteille créée dans l’unique but d’être remplie par l’un de nous, un morceau de cuivre qui attend d’être moulé en balle. Un cheval nouveau et resplendissant qui sera offert aux Horsemen désespérés, dans l’espoir vain que lui ou elle le préférera au plus abordable fantassin. Un animal domestique élevé et cassé afin que l’un de nous puisse le monter. » (Bull, p. 101.)

Et par cette implosion du sens se transforment alors les sexes. Perdus dans leur propre corps, les hommes et les femmes cyberpunks ne peuvent plus s’accoupler. Ce ne sont donc plus les formes humaines qui copulent, mais bien des dynamiques pleines d’organes, sans organes, des dynamiques sans sexe et tout sexe, sans genre et tout genre, des dynamiques tout à la fois humaines et in-humaines, unité et multiplicité, organes et argent. Dans cet univers électronique, les corps sont à la fois hermaphrodites, castrats, vamps et mâle alpha. Le corps-culture cyberpunk n’est donc pas un corps asexué, mais bien une sexualité en devenir continuel, une sexualité par-delà ses organes, sans corps et pleine de corps, « a-humaine », in-humaine. Il n’y a pas de sexualité organique et amoureuse dans un monde surmoderne. Il y a une sexualité de l’apesanteur, du trop-vu, du trop-regardé, une sexualité du mercantilisme et de l’échange, où le corps se perd dans la culture...

J’essayais de ne pas l’imaginer dans la maison Blue Lights travaillant des quarts de trois heures dans une sorte d’approximation de sommeil REM, alors que son corps et un paquet de ses réflexes conditionnés s’occupaient des « affaires ». Les clients

> n'avaient jamais l'occasion de se plaindre qu'elle truquait le tout, car elle avait de véritables orgasmes. Mais ce qu'elle ressentait, si, en fait, elle ressentait quelque chose, n'était que de vagues éclats à l'orée du sommeil. Ouais, ce truc-là, c'est si populaire que c'en est presque illégal. Ses clients étaient déchirés entre le besoin fou d'être avec quelqu'un et celui d'être complètement seuls... (Gibson, 1986a, p. 191.)

Le corps cyberpunk s'abandonne, il disparaît en lui-même, se dissout dans ses organes et ses artefacts.

Nouveau modèle du corps

> Sans chair ni corps, nous glissons dans le château de ICE de Chrome. Et nous sommes rapides, si rapides. Ça donne l'impression de surfer sur la crête du programme qui envahit Chrome, suspendus au-dessus des bugs bouillonnants de ces systèmes qui mutent sans arrêt. Nous sommes des flaques d'huile conscientes balayées avec le reste dans des couloirs d'ombres. Quelque part, nous possédons des corps, quelque part, très loin, dans un loft bondé surmonté d'un toit d'acier et de verre. (Gibson, 1986a, p. 173.)

La question du corps est donc prédominante dans l'univers cyberpunk. Quelle « unité », quelle forme donner à ce dernier ? Quelle identité lui attribuer (biologique, technologique ou culturelle) ? Comment comprendre la schizophrénie inhérente à sa multiplicité ? Quel modèle peut-on envisager face à la mise en abyme du corps dans ces œuvres ? Bref, quelle intelligibilité en proposer ?

Selon les chercheurs Scott Bukatman, Arthur et Marilouise Kroker, Alvin Toffler et David Cooks, pour « exister » socialement, un être humain (soumis à un monde de style cyberpunk) doit devenir information médiatique, c'est-à-dire qu'il doit être capable de devenir bloc d'informations que les réseaux médiatiques peuvent utiliser, transporter, disséminer. D'après eux, face à la technoculture, les êtres humains n'auraient pas la capacité de se définir autrement que numérisés et implosés dans l'espace électronique des médias (c'est-à-dire qu'ils n'auraient d'identité qu'interprétée par un langage binaire). Bukatman donne un nom à ce phénomène : *Terminal Identity* (le mot *terminal* signifiant en même temps « terminé », « terminal » [dans le sens de périphérique] et « gare ». Il s'agit donc ici d'une identité entre la machine et la mort.)

Le fait que ce modèle ressemble étrangement à celui du *hivemind* (ruche globale) de Kevin Kelly (en ce sens où l'identité du sujet existe dans un espace étrange *entre* le réseau et le terminal) donne à penser que le nouveau modèle du corps est celui de la fin de la biologie. Cela ne veut pas dire qu'il n'y aura plus de corps (il y aura, au contraire, *plus* de corps, puisqu'il sera possible de considérer comme vivant ce qui ne l'était pas auparavant), mais bien que ces corps ne seront plus qu'accessoirement biologiques.

Comme nous le prouvent les bêtes de Moreau, Gregor Samsa, les personnages de Gibson ou les starlettes d'Hollywood, le corps ne s'efface pas, il est au contraire de plus en plus présent. Ce sont les façons de le concevoir, de le comprendre, de le délimiter et de lui donner une intelligibilité qui changent. Il s'agit ici d'une«sur-définition » (c'est-à-dire que le corps est constamment redéfini et possède plusieurs définitions en même temps [il est tout à la fois amalgame biologique, processeur d'informations, véhicule de survie des gènes, créateur de machines, etc.]). Le corps, par son enchevêtrement, par sa fragmentation, par sa plasticité et sa dissociation, n'appartient donc plus uniquement à l'individu, il appartient aussi, dans sa construction et dans son intelligibilité, à une multitude d'êtres, de phénomènes et de réels. Le corps sur-défini est un abîme entre le vrai et le faux, entre la multitude et l'individu, entre l'origine et sa copie.

Monstres, cyborgs et extraterrestres

> Quiconque s'engage dans la construction d'une créature artificielle est contraint d'affirmer dans le même temps qu'il a réglé d'abord ce point majeur : la connaissance du secret de fabrication de l'humain. Nous devons donc bien, pour les comprendre, oublier les créatures en tant que telles, et voir d'abord en elles le miroir des représentations de l'homme dont les sociétés humaines sont porteuses. Là sans doute réside leur véritable signification, car, à travers elles, l'homme se contemple et tente de discerner les contours exacts de son humanité.
>
> Philippe Breton

Cyborgs, golems, créatures artificielles, monstres, démons, lutins, etc., la liste des êtres artificiels ou non humains qui peuplent et ont peuplé notre imaginaire est longue. Elle semble encore plus longue aujourd'hui avec son interminable cortège d'extraterrestres, de meurtriers démoniaques et de superhéros. De Batman à l'*alien*, en passant par Terminator ou Freddy Krueger, notre époque, qu'on dit pourtant immergée dans l'absolue rationalité des sciences, possède néanmoins son lot important de sorciers et de lutins. À quoi servent ces êtres qui peuplent notre imaginaire ? Quelle est leur fonction essentielle ? Doit-on les envisager comme un reflet de ce que nous sommes, de ce que nous pensons être et surtout de ce que nous redoutons de devenir ? Ou doit-on les considérer comme essentiels à l'imaginaire humain ? Que disent les monstres sur notre condition présente ?

Dans un ouvrage très intéressant intitulé *À l'image de l'homme. Du golem aux créatures virtuelles*, Philippe Breton nous offre une excellente analyse du phénomène des créatures artificielles. Il y explique clairement l'importance de chaque créature dans la structure de l'imaginaire humain, comment chacune reflète, en fait, la dynamique culturelle de ceux qui l'ont inventée et construite, comment chacune est l'illustration des perceptions ontologiques de son époque particulière.

Mais les monstres qui peuplent notre imaginaire sont-ils confinés à notre imaginaire ou bien peuplent-ils la société entière ? Ces créatures hantent-elles réellement nos sociétés ? « La culture modifie nos gènes », soutient Kevin Kelly. Qu'en est-il vraiment ?

Philippe Breton considère ces créatures comme des microscopes, car elles lui permettent d'examiner les structures les plus profondes de la société humaine. Je crois qu'il faut aller plus loin ici, parce que ces créatures ne rendent pas le monde plus clair, plus lisible et plus transparent. Au contraire, elles poussent tout l'imaginaire vers des régions inhabitées de la représentation. Je pense ainsi que ces créatures jouent le même rôle que les virus biologiques : permettre à l'évolution (ici cognitive) de faire des sauts en introduisant dans l'environnement (notre imaginaire) de nouvelles mutations. Les créatures de notre imaginaire sont des morceaux d'informations idéologiques flottant dans l'espace et permettant à l'évolution cognitive d'emprunter des raccourcis[19].

Chaque créature artificielle, chaque monstre, chaque lutin ou démon que nous inventons a donc pour conséquence d'infléchir et d'enrichir notre évolution cognitive, de lui faire prendre des chemins jusque-là inconnus, de lui faire explorer des dynamiques nouvelles et étranges. Mais, d'abord et avant tout, les monstres que nous créons changent, dès leur émergence dans notre imaginaire, toute la structure de nos représentations. L'instabilité qui se manifeste alors dans nos perceptions du monde influe directement sur notre système génétique, l'un étant inséparable de l'autre. Les monstres ne peuplent pas seulement notre imaginaire, ils habitent aussi nos gènes et notre société.

Lorsque les théoriciens postmodernes se sont penchés sur des films cyberpunks tels que *Robocop, Terminator, Alien, Blade Runner* (pour ne nommer que les plus étudiés), ils ont observé, avec beaucoup de justesse, que ces films illustraient la crise des représentations de notre époque, crise qui se traduit par une anxiété redoublée face au corps et à l'être humain en général. Ces œuvres sont révélatrices du phénomène postmoderne, c'est-à-dire, comme l'avait bien noté Baudrillard, qu'elles semblent tourner sur elles-mêmes, sortes d'hymnes à la vacuité et au vide, vide psychologique autant que social ou religieux. Pour nombre de ces théoriciens, ces œuvres, qui mettent en scène la vanité de l'être humain et de toutes ses institutions, sont des phares nous annonçant les récifs de notre propre mort. Ennui, désarroi, violence, absence de perspective historique, sexualité effrénée, pauvreté, etc., ces œuvres nous font découvrir les lieux vides (aéroports, gares, centres commerciaux, etc.) de la surmodernité (selon le terme de Marc Augé) et elles nous dépeignent avec de multiples détails ce que Gilles Lipovetsky avait nommé l'ère du vide. De plus, comme nombre de ces œuvres ont été produites aux États-Unis et comme nombre des théoriciens de la postmodernité appartenaient à l'intelligentsia européenne, l'équation «ère du vide égale américanisme» a rapidement été formulée. L'ère du vide était celle des États-Unis, tant politiquement que culturellement. Tous les produits n'étaient que recyclage vide et sans âme dont la seule fonction, nous suggéraient plusieurs penseurs contemporains, consistait à nous faire adhérer au système capitaliste américain.

Il serait stupide de ma part de nier totalement cette analyse, car il est certain qu'une pression globale émane des États-Unis. Mais je crois qu'il s'agit ici d'une interprétation quelque peu simpliste. Cette lecture ne tient compte que de résultats commerciaux, alors que le phénomène dont il est question est global. Le corps se plastifie, se commercialise et devient culture parce que la technoculture n'a cessé de le morceler, l'ayant fait passer, en l'espace d'à peine un siècle, d'une structure fermée et solide à une architecture liquide et transparente, là où les frontières glissent continuellement les unes dans les autres, là où les absolus disparaissent, là où il n'est plus possible de parler d'ontologie. La postmodernité nous montre que s'il n'y a plus d'« histoire » humaine, c'est qu'il n'y a plus de corps organiques dans lesquels celle-ci peut exister.

Qu'est-ce que cela veut dire ? Les monstres contemporains participent activement au morcellement du corps, car ils modifient notre façon de voir le monde et de le construire. Les monstres sont la postmodernité, puisque chacun d'eux soutient l'idée d'un corps humain altéré, transformé et muté, puisque chacun d'eux donne naissance à des perceptions glissantes du corps vivant. Ces monstres sont un genre d'épidémie cognitive qui infecte tout notre système culturel. Ils sont non seulement un reflet de notre imaginaire, comme le souligne Breton, mais aussi les producteurs de celui-ci.

Les monstres qui habitent nos sociétés sont donc fondamentaux pour ces dernières. Ils sont, comme les virus, des acteurs dynamiques de l'évolution (sociale et cognitive). L'imaginaire n'est pas limité à l'esprit humain. L'imaginaire, lui aussi, se prolonge dans l'environnement et, lui aussi, influe sur cet environnement.

~

Un Mélanésien, à qui Maurice Leenhardt avait demandé quelle avait été la contribution de l'Occident à la culture des îles, ne répondit pas en énumérant des progrès technologiques, scientifiques ou médicaux, ni même (ironiquement) en parlant de l'histoire désastreuse des maladies qui s'étaient déclarées à la suite des rencontres entre Européens et peuples du Pacifique (bien que cet aspect ait probablement été sous-entendu dans la réponse qu'il offra). [...] « Ce que vous nous avez apporté, c'est le corps. » Tout comme dans le mythe de la méduse, nous apprenons que la question doit être reformulée. Nous ne pouvons comprendre l'idée du corps, dans son rapport avec la représentation, en le considérant isolément, c'est-à-dire sans tenir compte de la multitude des événements qui l'entourent. L'idée d'être et d'avoir un corps repose probablement sur ce que chaque culture propose et comprend par le mot « corps ». (Sawday, p. 11.)

Tout au long de ce livre, je me suis arrêté aux modifications, mutations et glissements que subissent les corps des êtres vivants. À travers les nombreux modèles ainsi examinés, nous avons pu observer que les modélisations scientifiques, artistiques et théoriques semblent vouloir transformer le corps en une multiplicité de systèmes (biologiques, informationnels, informatiques, etc.). Ces modèles proposent en fait l'ouverture du système du corps, soit la perversion de l'idée du corps comme unité stable, comme entité biologique autonome, consciente et même vivante. Dans l'ouverture du système du corps, les chevauchements constants et instables des dynamiques qui forment ce corps occultent toute possibilité de définir exactement l'unité de ce dernier, son autonomie (où commence et où finit cette autonomie) et sa nature. Bref, par l'ouverture du système du corps, le corps peut, théoriquement, être n'importe quoi, mais il ne peut plus être une construction de l'être humain. Par l'ouverture du système du corps, le corps doit être autre chose qu'un organisme biologique autonome, intelligent et conscient. *Une fois ouvert, le corps disparaît.*

Ici apparaît le phénomène du cyborg. Le cyborg est l'emblème de la disparition du corps. Il est un simulacre qui transcende son original, un monstre qui déstabilise inexorablement tous les fondements humains. Le cyborg n'est pas un corps, mais bien *des* corps en devenir (à plusieurs propriétaires et à plusieurs territoires), des corps qui se prolongent à la fois dans la technologie et dans la biologie, des corps dans lesquels (et sur lesquels) se rencontrent biologie, technologie et culture. Le cyborg est le corps-culture par excellence, multiple, « a-historique », fragmenté et fondamentalement instable (est-il vivant ou machine ? Est-il sensible ou algorithmique ? Est-il simulacre ou originel ?). Il est la définition du vivant qui a implosé.

Le cyborg pose sans détour la question de l'ontologie humaine. Par sa présence même, il soulève la question du simulacre de l'âme humaine (et de ses corollaires, l'amour, l'intelligence, la conscience, le désir de vivre, etc.), car si l'être humain peut se contenter du cyborg (ainsi que le supposent de nombreuses œuvres cyberpunks), si l'être humain ne peut (ou ne veut) se distinguer du simulacre, si l'être humain désire s'accoupler à des machines, alors son essence n'est peut-être elle-même qu'une demi-machine. Si le simulacre n'est pas reconnu comme tel, alors il est, en fait, réel.

Comme je l'ai mentionné au début de ce livre, la reconnaissance est fondamentale pour la définition du vivant, du conscient et de l'intelligent. Le cyborg, cependant, matérialise, par sa forme et sa structure, la confusion qui règne entre le vivant et son modèle, entre le conscient et sa simulation, entre l'intelligent et sa copie. Le cyborg est un simulacre qui absorbe non seulement les frontières entre les phénomènes, mais aussi les phénomènes eux-mêmes. Par sa présence, le cyborg contamine et pervertit le vivant jusqu'à le rendre inséparable de ses simulacres. Dans le cyborg, le vivant est un simulacre…

Étymologiquement parlant, un simulacre est un fantôme, une illusion. Il est à la fois ici et là, vrai et faux.

Un simulacre est une « chose » instable qui aspire en elle le monde réel. Il fausse le temps, il questionne l'ordre des souvenirs, il force la multiplication du monde, il oblige les phénomènes et leurs représentations à se chevaucher et à se contaminer. D'ailleurs, la terreur et le plaisir qu'inspire un simulacre viennent de sa transparence, de son instabilité, du fait qu'il se fond au réel tout en le niant. Le simulacre (comme nous l'a bien illustré le Parti dans *1984*) est un prédateur du réel.

Le cyborg est un simulacre. Il est, comme un fantôme, une « créature » étrange et effrayante, prédatrice de l'originel.

Le cyborg est un concept essentiel de la technoculture, en ce qu'il suggère une représentation particulière du corps-culture. L'idée que représente le cyborg n'est pas simplement celle de l'amalgame ou de l'enchevêtrement, mais aussi celle d'une mutation fondamentale et surtout définitive de notre échelle de réalité. Après le cyborg, il n'y a plus d'êtres vivants selon la conception que nous en avons aujourd'hui. Par l'idée du cyborg, il n'y a plus de retour en arrière au modèle biologique (puisque le cyborg est essentiellement fusion dans laquelle biologie et culture sont inséparables l'une de l'autre). Le cyborg est une transformation sémantique du corps ; il est un être vivant dont l'identité, l'histoire et la présence sont formulées par la technologie et définies par la direction culturelle. Le cyborg est un corps sans organes, en lui n'existent plus d'oppositions, de dualités, de différences sexuelles ou technologiques. Ainsi que l'avait déjà proposé Donna Haraway dans son très influent *Cyborg Manifesto*, le cyborg est l'être vivant sans sexe, devenu homme et femme et machine[20]. Il est l'effacement et l'effondrement du biologique.

Le cyborg suppose donc une complexité qui dépasse le simple ajout de prothèses physiques ou neurologiques. Il n'est pas un robot « bâti » dans une chair humaine, il est la convergence de plusieurs phénomènes (mâle, femelle, représentations, technologie, évolution, etc.), tous en devenir les uns à travers les autres.

Un bon exemple de ce que je tente de démontrer est le premier film *Robocop*, réalisé par Paul Verhoeven[21]. Le thème fondamental de cette œuvre des années quatre-vingt n'est pas celui d'un être emprisonné dans une machine, mais bien celui d'un être devenu prédateur du réel et du vivant. Le corps ici n'est qu'une illustration du changement ontologique que subit ce personnage. Bien sûr, ce corps d'ex-policier est « envahi » par des prothèses, mais c'est l'essence de cet homme qui est, d'abord et avant tout, assaillie et transformée (et les quelques souvenirs de sa femme et de ses enfants qu'il possède sont les derniers soubresauts d'une identité humaine qui se meurt). Robocop n'est pas un être humain emprisonné dans une machine. Il n'est plus un être humain. Il n'est pas non plus autre chose. Il est plutôt en train de devenir autre chose. Là est son état, là est son essence. Robocop est le point de départ d'un vivant différent ; il est une convergence de devenirs.

La série de films *Alien* est un autre exemple intéressant, bien que différent[22]. Dans ces films, le corps humain, pénétré par l'*alien*, perd toute possibilité de délimitations et de définitions. Infecté par la bête extraterrestre, l'humain devient totalement différent, à la fois mâle et femelle, ovipare, insecte et mammifère, corps-utérus, œuf et fœtus, coquille et liquide, corps sexuel et mécanique, proie et prédateur. L'être qui naît de l'« accouplement » de l'*alien* avec l'humain est un être en apesanteur. Il est monde par lui-même, carte et territoire à la fois. Il n'est ni complètement humain, ni complètement extraterrestre ; il est, en fait, ce qu'Arthur Kroker appellerait un *panic body*, c'est-à-dire un corps tourmenté dans son instabilité, un corps dont l'essence est la multiplicité et la copropriété, un corps qui ne sait plus où ni comment se définir, un corps perdu dans sa propre ontologie. L'être humain contaminé par l'*alien* n'est plus un humain, mais il n'est pas autre chose non plus. Il est plutôt quelque chose en devenir perpétuel, un être mouvant, changeant, à la fois humain, *alien* et transition entre les deux.

Un troisième exemple est le film *The Thing*[23]. Je me sers de l'exemple de ce film d'horreur, car, même si le « personnage » de ce film n'est pas un cyborg (il est un animal, une « chose » extraterrestre), il opère néanmoins de la même façon que ce dernier. Comme un cyborg, la « chose » de ce film de John Carpenter « chasse » le réel en niant toute possibilité au corps humain. Non seulement est-il impossible aux êtres entrant en contact avec elle de la détecter, mais il leur est aussi impossible de dire avec certitude si cette dernière s'est immiscée dans leur corps ou non. La « chose » ne fait pas que tuer les êtres, elle va jusqu'à les nier ontologiquement, leur faisant croire, après les avoir absorbés, que leur corps est originel et véritable alors qu'il n'est plus déjà qu'une copie, qu'un simulacre, qu'un faux (chaque homme avalé par cette chose, chaque homme mangé, puis recréé par cette dernière clame haut et fort qu'il est encore humain alors qu'en fait il n'existe déjà plus). Et c'est pour réaliser cette négation fondamentale que la « chose » ne possède pas de forme originelle, qu'elle ne se montre jamais sous ses traits extraterrestres et qu'elle est toujours soit camouflée, soit en train de se transformer. La « chose » est une chose non seulement parce qu'elle n'a pas de corps à elle à proprement parler, mais aussi parce qu'elle empêche ceux qu'elle absorbe d'en posséder un. La « chose » n'existe que dans ses mutations, elle est le produit de l'accouplement de plusieurs échelles du réel (humaines, technologiques, extraterrestres, moléculaires, atomiques, etc.). Cette « chose » est une pâte mouvante, indéfinissable, tous corps et aucun corps à la fois, être perdu dans ses, dans nos ontologies, genre de bête à la

Moreau, si mutante et transformée que sa seule intelligibilité possible est sa « limite extrême de plasticité » dans laquelle l'humain n'est plus qu'une ombre… « " Je sais que je suis humain ", rationalise le protagoniste de *The Thing*, mais cette affirmation est devenue vide et inutile. » (Bukatman, p. 267.)

Le dernier exemple dont je veux me servir est *Terminator 2* de James Cameron, un film dans lequel, pour la première fois dans l'histoire du cinéma, la distinction entre la réalité (les images « normales » du film) et la culture (les effets spéciaux) ne peut plus s'opérer. Dans *Terminator 2*, un cyborg *réel* fait son apparition (puisque même l'examen minutieux de la pellicule, sur laquelle la réalité physique s'imprime, ne nous permet pas de distinguer le comédien du cyborg), un être dont l'essence est à la fois l'humain et le technologique, les deux étant ici indissociables, parfaitement fondus l'un dans l'autre. *Terminator 2* arrache le corps de ses référents et de ses miroirs, il le plastifie et le fait fondre pour le resolidifier ensuite. Grâce à l'image numérique, ce film réalise le rêve du docteur Moreau, puisque nous y voyons des corps atteindre leur « limite extrême de plasticité » et devenir si multiples, transparents et liquides que d'innombrables formes impossibles ne cessent d'en émerger. Face à cette œuvre, c'est l'essence de la chair qui éclate, qui peut, légitimement maintenant, être retravaillée, renégociée et reconstruite. Par l'image numérique, la représentation classique du corps humain cède sa place à une « chose » étrange et impossible, nageant dans un espace et un temps inconnus de notre entendement organique, là où existent de nouvelles et extraordinaires ontologies.

Le corps numérisé n'est plus un système organique, *il est un mouvement.*

~

L'image [numérique] […] est devenue une « réalité » virtuelle, pour ainsi dire parallèle à la réalité physique […]. Elle crée son

> propre présent, parmi une quasi-infinité de présents possibles. [...] Le regardeur et l'image dialoguent, s'interrogent et se répondent, font corps, font couple, s'hybrident en un être étrange [...] s'arrachent à la fois au dehors et au dedans, s'isolent et se soustraient à tout événement. (Couchot, p. 84.)

L'image numérique est une simulation; elle n'a aucune matérialité, elle est, comme l'a écrit Charlotte Davies citée au début de ce livre, la modélisation des connaissances que nous avons sur une chose. Mais elle est aussi plus que cela. Lorsqu'un être humain est numérisé (lorsque son image est numérisée), il n'est plus le «miroir» d'un être vivant. Un être humain numérisé devient autre, véritable cyborg, mi-ordinateur, mi-humain, être impur (fantôme, simulacre), sans définitions stables, plusieurs choses, plusieurs sexes, plusieurs organes et machines à la fois. Une fois numérisée, l'image d'un être humain se libère de son origine, elle se transforme en une multitude de paysages; elle devient un système qui dépasse et se dissocie de son origine.

L'image numérique constitue une révolution profonde, car elle nous permet d'examiner le corps-culture, ses mutations et ses transformations. L'image numérique est la syntaxe d'une nouvelle réalité, celle du chevauchement entre l'organique et le technologique. Par elle, le réel devient suspect; il paraît soudain instable et inconstant.

L'image numérique est un environnement du devenir. En elle se voit la transparence des fondements du vivant, l'effritement de la représentation et la contamination des réels. Dans l'image numérique, le vivant est une tempête étrange dont l'origine remonte aux battements d'ailes d'une représentation...

Mais cette image est une contradiction, car, par définition, une image est une «chose» qui ne se calcule pas, alors que l'image d'un nombre *est un nombre* (l'image d'un chiffre est un chiffre[24]). Il s'agit donc ici d'une construction impossible, car cette image ne parle pas de notre réel, elle n'existe pas à travers ce dernier. Son univers et son réel émergent du chevauchement entre l'organique et l'inorganique.

C'est pourquoi une image numérique est, en quelque sorte, l'art du corps-culture. Cette image, comme ce corps, « nous délivre des accidents du Temps, déterminés ou hasardeux, qu'elle réduit à de pures *éventualités* » ; elle « nous délivre des absurdités de la *fatalité*, elle déjoue les *aléas* du *destin*[25] ». Essence de l'environnement culturel, l'image numérique démultiplie notre perception du monde en liquéfiant les frontières entre l'analogique et le synthétique. Par l'image numérique, le synthétique devient analogique d'un nouveau réel, celui de la culture.

Avec l'image numérique, notre perception de l'image photographique, en tant que reflet relativement fidèle du monde (en tant que « copie » du monde), ne tient plus. Lorsque nous numérisons le réel, un monde parallèle émerge dans lequel les corps, les objets ou les phénomènes physiques (lumière, ombre, vents, etc.) glissent et hésitent entre l'organique, le technologique et le culturel. Par la numérisation, les corps (et les objets), transformés dans leur structure la plus intime, acquièrent soudain une nouvelle identité : ils deviennent des images-monde.

~

Un corps numérisé est un corps-culture. Lorsqu'un être humain est numérisé, il se transforme dans l'ordinateur et, à travers ce dernier, il n'est plus alors candidat au réel organique. Chaque photo numérique, chaque photogramme numérique est un écho de la présence d'autres réels. Chaque photo numérique est, comme l'est la trace d'un neutron dans un accélérateur de particules, l'empreinte d'une réalité parallèle.

Une image numérisée n'est pas ancrée dans la matérialité, car, dans cette image, tout corps, tout objet, tout phénomène est dérapement continuel entre réel et artificiel (entre analogique et synthétique, entre organique et technologique). Dans cette image, tout se transforme en processus. Dans cette nouvelle présence, la peau, le corps, les parties génitales, les technologies et les phénomènes glissent continuellement les uns dans les autres. Dans l'image numérique, l'existant est une copropriété, une multi-territorialisation ; il est un devenir, tous les corps, toutes les formes, tous les organes et les phénomènes en même temps.

Revenons rapidement sur *The Thing*, car, bien qu'il ne s'agisse pas en soi d'une œuvre numérique, la représentation des corps qu'elle suggère ramène à l'esprit ce genre d'images. La « chose » du film de Carpenter, comme l'image numérique, n'est pas simplement la copie d'un objet ou d'un être, elle est aussi un véritable simulacre (un fantôme) qui s'attaque au réel et au vivant. En cette « chose », le réel humain (le réel à l'échelle humaine) est happé ; en elle, les transitions d'un vivant à l'autre et d'un réel à l'autre sont infinies et perpétuelles. La « chose » est inséparable de son instabilité, c'est-à-dire de sa capacité d'être plusieurs états à la fois (puisqu'elle est, au moment de ses transformations, à la fois extraterrestre, être humain et aussi plusieurs choses entre les deux). Quand la créature de *The Thing* se métamorphose, quand elle se mue en un être différent (un chien ou un être humain), elle voit alors sa représentation (cette forme qu'elle possédait auparavant) se déchirer littéralement. Et c'est par les déchirures de ses formes (par les déchirures de ses copies) que cet être accède à plusieurs autres sens. C'est dans sa multiplication des formes, c'est dans sa perversion extrême de toute ressemblance que cet être possède un sens.

Terminator 2 opère lui aussi dans ce registre de l'instabilité et de la multiplication. Lui aussi « parle » la langue du corps-culture. Lui aussi dévoile des traces de ce corps dans lequel la reconnaissance du vivant n'agit plus. Dans ce film, les transformations produites par l'ordinateur sur Robert Patrick (l'acteur qui tient le rôle du cyborg T-1000) font muter le corps de ce dernier en une morphologie qui ne cesse de bouger, de s'altérer et de se transformer. Patrick numérisé devient un corps-devenir, qui se multi-territorialise et se surdéfinit. Une fois numérisé, son corps n'est plus qu'un ensemble binaire et cet ensemble binaire est la grammaire d'une nouvelle réalité. C'est donc dire qu'une fois numérisé le corps de ce comédien devient, par ce qu'il est numériquement, producteur de nouveaux sens, puisqu'il tire alors son intelligibilité non pas de sa matérialité, mais bien de sa perméabilité et de sa mouvance.

Lorsqu'une métamorphose de corps se produit à l'écran grâce au numérique, un être « nouveau » émerge donc (ou plutôt des êtres nouveaux émergent), mi-être de départ, mi-être d'arrivée, mais ni totalement l'un ou l'autre, être différent fait d'octets en mouvement. Par l'image numérique, le corps est un monde.

L'image numérique transforme le corps ; elle le fonde non pas dans une optique de la mort, mais plutôt dans celle de l'ailleurs. L'image numérique n'est pas une copie du corps, c'est une image-corps devenue monde. La modélisation que nous offre cette technologie est celle d'un autre mode de la représentation, au sens où l'image créée n'est pas une reproduction, mais est plutôt une production. Dans l'image numérique, il n'y a plus de structures de filiation qui permettent de dire : « Voilà, cette image est une analogie de cette chose ou de cet objet. » Au contraire, les images numériques sont tout à la fois mondes et modélisations. En ce sens, la représentation devient abyme, puisqu'elle ne se lie plus à des dynamiques extérieures, puisqu'elle ne se prolonge plus vers des phénomènes extérieurs (tels concepts, référents, idées, etc.), mais qu'elle implose maintenant en elle-même dans une infinité de sens possibles. Dans cette implosion, tout va vers des enchevêtrements infinis de formes et de fonctions, c'est-à-dire que tout s'effondre dans un genre de soupe primordiale faite d'images, d'organes, de simulations biologiques et de mutations technologiques.

L'effet le plus fondamental du corps-culture est qu'il nous oblige à réévaluer non seulement la place qui nous revient dans cet univers, mais aussi la manière dont nous occupons cette place. Où se situe l'être humain face au vivant, au non-vivant, face à l'artificiel, au technologique, face même au politique, au culturel et au social? Où commence et où finit l'être humain face aux lectures sur la biologie, sur la physiologie, sur la génétique que lui offre la technoculture? À quel moment un être humain devient-il autre chose qu'un être humain? À quel moment un être vivant peut-il être perçu comme artificiel?

> Nos nouveaux enchevêtrements technologiques nous obligent à nous demander jusqu'à quel point nous sommes devenus des cyborgs, mélange perverti de biologie, de technologie et de code. La distance traditionnelle qui existait entre les machines et les êtres humains est devenue de plus en plus difficile à maintenir. (Turkle, p. 21.)

«La distance traditionnelle qui existait entre les machines et les êtres humains» est une des clés de notre condition actuelle. Car ce que les diverses ébauches du corps-culture nous ont appris, c'est que le monde, dans ses phénomènes, dans ses dynamiques et dans ses productions, est une somme infinie de lectures, de possibilités et de directions. À travers les technologies, les idéologies et les économies qui s'imbriquent dans le corps-culture, nous regardons et nous entendons d'une multitude de façons différentes. Mais surtout, nous nous apercevons que l'être humain n'est qu'une possibilité dans l'immensité des phénomènes possibles et nous comprenons alors que la dynamique des phénomènes du vivant est une dynamique horizontale et non plus verticale. Les êtres, les phénomènes, les dynamiques ne s'éliminent pas entre eux pour accéder à un ordre supérieur, mais tendent plutôt à interagir, à s'enchevêtrer et à se contaminer les uns les autres.

Qu'est-ce que cela nous suggère sur notre monde? Qu'est-ce que cela nous suggère sur l'être humain et sur son corps?

Il n'y a pas un mais bien *des* corps vivants, puisque chaque corps est à la fois et indistinctement amalgame d'ADN, de molécules et d'atomes, structure numérique, équilibre (ou déséquilibre) chimique, colonie de virus, d'idées-virus, aboutissement ou accident de l'évolution, etc. Pour le corps-culture, toutes ces définitions se valent et sont parfois exclusives les unes par rapport aux autres, parfois inclusives. Il nous est maintenant très difficile de prétendre que les corps des êtres vivants sont distincts les uns des autres.

Par le corps-culture, nous avons pu voir qu'il n'existe pas de frontières séparant les êtres, les choses et les phénomènes; qu'entre l'organique et le culturel, les démarcations sont une question de lecture. Les phénomènes semblent se distinguer selon leur degré de complexité, mais non selon des termes et des absolus tels que vivants ou non-vivants. Une chose peut être plus complexe qu'une autre, certes, mais pas plus naturelle ou moins naturelle. Évidemment, construire le monde qui nous entoure selon cette perception ne fait qu'augmenter la quantité d'êtres «existants». Comme l'ont proposé plusieurs auteurs, il faudrait maintenant accueillir la ville, l'institution, le réseau informatique, la culture même dans la famille du vivant.

Le corps-culture étend et mélange les corps et les phénomènes et leur refuse toutes exclusivités et frontières. Il nous montre l'impossibilité de savoir exactement où et quand le vivant devient non-vivant. Par exemple, ce que l'utilisation des antidépresseurs a bien démontré, c'est la « simplicité » chimique de ce que l'on appelle la conscience. Si je puis être, au plus profond de moi, fondamentalement altéré par une substance chimique, qu'est-ce que cela suppose au sujet de ma conscience ? Si cette dernière n'est autre chose qu'un amalgame chimique et électrique, quelle différence existe-t-il alors entre un être vivant et une machine, plus spécifiquement entre un être vivant et une machine « à penser » comme l'ordinateur ? Comment un être qui se dit vivant, intelligent et surtout conscient peut-il ainsi être dépendant d'une série de réactions chimiques et électriques ?

Tout au long de ce livre, j'ai fréquemment souligné l'importance de la « viralité » dans l'imaginaire contemporain. En fait, j'ai tenté de démontrer que, dans une ère qui se construit non plus comme un village global, mais bien comme une ruche globale, l'infection et la contamination sont deux dynamiques incontournables (puisqu'elles sont, essentiellement, conséquence de la communication entre organismes). L'idée de la « viralité » est fondamentale pour le corps-culture, car elle traduit clairement l'interdépendance non seulement des dynamiques et des organismes entre eux, mais aussi des narrations et des représentations. Par exemple, alors qu'un virus biologique influence la direction génétique d'un individu, un virus idéologique, lui, altère la structure cognitive, ce qui a des répercussions directes sur le comportement social, psychologique mais aussi génétique de ce même individu (ainsi, le concept d'hygiène, par exemple, permet à l'être humain de vivre différemment, plus longtemps, et en meilleure santé très probablement). La contamination, qu'elle soit idéologique ou biologique, est à la base même de toutes les modélisations actuelles.

Par le corps-culture, l'être humain ne se reflète pas, mais se forme, se sculpte et se contamine sous des angles, des représentations et des modélisations infinis. Le corps-culture suggère l'artificiel dans le naturel, le biologique dans le numérique, l'algorithme assimilé à l'ADN. Par le corps-culture, les modélisations et les représentations du monde se mélangent et s'enchevêtrent, et ce à un point tel que toute origine disparaît. Par ce corps (mais aussi grâce à toute la technoculture), l'idée d'un être organique stable, équilibré et prévisible devient impossible.

De la limite extrême de plasticité des corps que cherche le docteur Moreau jusqu'aux fascinantes mutations du Terminator ou de la « chose », en passant par la machine de la colonie pénitentiaire, les œuvres que j'ai abordées dans ce chapitre ont toutes tenté d'explorer (et de comprendre) la mutabilité des corps, leur degré de contamination et d'infection, leur re-naissance en tant que corps-culture. Bref, ces œuvres ont toutes compris que la représentation (plus particulièrement celle du corps humain) ne peut plus se prétendre unique, exclusive et surtout proprement définissable. Toutes ces œuvres ont proposé de voir le corps comme un amalgame contaminé. Peu importe qu'elles aient suggéré des mélanges entre un être humain et un extraterrestre, entre un être humain et un robot ou entre un être humain et la culture, le message proposé était le même : le corps, comme tous les autres phénomènes qui nous entourent, est une mosaïque.

Notes du chapitre III

1. Pour Kevin Kelly, tous les organismes sont un « genre d'archivage historique » (Kelly, p. 354), alors que, pour le philosophe français François Chirpaz, le corps serait « le premier modèle par lequel nous comprenons le monde » (Chirpaz, p. 98). Il faut noter que cette idée du corps comme modèle du monde correspond à ce que proposait la pseudo-science de la physionomie, apparue en Europe au XVIIe siècle. Pour les disciples de cette science, le corps représentait parfaitement le comportement, les caractéristiques intellectuelles, les carences ou les qualités sociales d'un individu. Il ne s'agissait pas alors d'un corps-enveloppe, mais bien d'un corps-texte sur lequel il était possible de lire (de déchiffrer) l'essence d'un individu.
2. Bien que je centre mon étude de ce phénomène sur le XXe siècle, il est indéniable que les corps plastiques existent depuis fort longtemps, et ce dans de nombreuses cultures et civilisations. Des mutilations diverses ont fréquemment marqué la relation entre un individu et son groupe et ont aussi souvent été utilisées par le social ou le politique. Le Moyen Âge offre d'ailleurs un exemple intéressant de ce phénomène, l'idéal physique de cette époque, symbolisé par l'image de Jésus, étant un corps à la fois matériel et immatériel (puisque le Christ est à la fois humain et divin).
3. Résumé : Un voyageur aboutit, après une traversée en bateau, dans une île étrange. Cette île est le domaine du docteur Moreau. Celui-ci tente, au moyen de la vivisection, de transformer divers animaux (puma, singes, etc.) en êtres humains. De ces expériences résultent, au prix de terribles souffrances, des monstres mi-humains, mi-animaux.
4. C'est une question qui est aussi examinée par les écrivains cyberpunks. Si une intelligence artificielle reproduit parfaitement un être humain dans le cyberespace, cette reproduction est-elle alors vivante ? Est-elle alors humaine ? Notons que c'est aussi la question maintes fois soulevée par les tenants de l'intelligence artificielle, d'où le test de Turing d'ailleurs. Comme le suggère ce test, s'il est impossible à un être humain de s'apercevoir qu'il dialogue avec une machine, peut-on dès lors affirmer que cette machine est « intelligente » ou consciente ? (Oui, selon Turing, mais notons qu'aucune machine n'a encore réussi ce test.)
5. J'utilise le prénom « Grégoire » dans cette citation, car l'édition de *La Métamorphose* que je cite l'écrit ainsi. Pour le reste du

texte, j'utiliserai cependant « Gregor », car les nouvelles traductions du texte préfèrent, de beaucoup, cette version.

6. « Quel métier, pensa-t-il, quel métier suis-je allé choisir ! Tous les jours en voyage ! Des ennuis pires que dans le commerce de mes parents ! [...] Que le diable emporte la boîte ! [...] Il n'y a rien d'aussi abrutissant, pensa-t-il, que de se lever toujours aussi tôt. L'homme a besoin de son sommeil. [...] Si je ne me retenais à cause de mes parents, il y a longtemps que j'aurais donné ma démission, je serais allé trouver le patron et je ne lui aurais pas mâché les choses. Il en serait tombé de son bureau. Voilà encore de drôles de manières : s'asseoir sur le bureau pour parler aux employés du haut d'un trône, surtout quand on est dur d'oreille et qu'il faut que les gens s'approchent tout près ! Enfin tout espoir n'est pas perdu ; une fois que j'aurai réuni la somme que mes parents lui doivent – cela demandera bien cinq ou six ans – je ferai certainement le coup. » (Kafka, 1955, p. 7 et 8.)
7. « Tout se passe en effet comme si Samsa avait pensé, ne fût-ce qu'en une minute fugitive : " Si seulement quelque chose changeait dans ma vie, j'aimerais mieux être malade, avoir un accident, n'importe quoi plutôt que de continuer à vivre cet enfer de chaque jour, avec son ennui et sa médiocrité. " Il est exaucé sur-le-champ, car la métamorphose le décharge effectivement de toutes ses responsabilités humaines, mais en même temps elle le condamne à l'anéantissement. » (Schoeller, p. 877.)
8. Qui est, pourtant, tout au long de la nouvelle, le seul à comprendre que l'enchevêtrement est la justice.
9. Pour reprendre les termes de Baudrillard, les concepts de justice et de punition « s'échangent alors en eux-mêmes, dans un circuit ininterrompu dont ni la référence, ni la circonférence ne sont nulle part » (Baudrillard, 1981, p. 16) ; c'est dans ce circuit sans fin que tombe l'officier.
10. « Il était entendu que lorsque le novlangue serait une fois pour toutes adopté [...] une idée hérétique – c'est-à-dire une idée s'écartant des principes de l'angsoc [anglais socialiste] – serait littéralement impensable, du moins dans la mesure où la pensée dépend des mots. [...] En dehors du désir de supprimer les mots dont le sens n'était pas orthodoxe, l'appauvrissement du vocabulaire était considéré comme une fin en soi et on ne laissait subsister aucun mot dont on pouvait se passer. Le novlangue était destiné, non à étendre, mais à diminuer le domaine de la pensée, et la réduction au minimum du choix des mots aidait indirectement à atteindre ce but. » (Orwell, p. 422-423.)

11. « Son esprit s'échappa vers le labyrinthe de la double-pensée. Connaître et ne pas connaître. En pleine conscience et avec une absolue bonne foi, émettre des mensonges soigneusement agencés. Retenir simultanément deux opinions qui s'annulent alors qu'on les sait contradictoires et croire à toutes deux. Employer la logique contre la logique. Répudier la morale alors qu'on se réclame d'elle. Croire en même temps que la démocratie est impossible et que le Parti est gardien de la démocratie. Oublier tout ce qu'il est nécessaire d'oublier, puis le rappeler à sa mémoire quand on en a besoin, pour l'oublier plus rapidement encore. Surtout, appliquer le même processus au processus lui-même. Là était l'ultime subtilité. Persuader consciemment l'inconscient, puis devenir ensuite inconscient de l'acte d'hypnose que l'on vient de perpétrer. La compréhension même du mot "double-pensée" impliquait l'emploi de la double-pensée. » (*Ibid.*, p. 55.)
12. À un point tel que leur corps n'est plus qu'une coquille vide et froide : « Il avait vu Julia [...]. Il se trouvait dans un parc, par un jour de mars froid et piquant [...] quand il la vit à moins de dix mètres de lui. Il vit tout de suite qu'elle avait changé. [...] Ils se croisèrent presque sans se regarder, puis il se retourna et la suivit, sans grand empressement. [...] Il lui entoura la taille de son bras. [...] Elle n'essaya même pas de se libérer. Il comprit alors ce qui avait changé en elle. Son visage était plus blême et une longue cicatrice, en partie cachée par les cheveux, lui traversait le front et la tempe. Mais ce n'était pas en cela qu'était le changement. C'était que sa taille avait épaissi et s'était roidie d'une façon étonnante. Il se souvint une fois d'avoir aidé, après l'explosion d'une bombe-fusée, à sortir un corps des décombres. Il avait été étonné, non seulement du poids incroyable de la chose, mais de sa rigidité et de la difficulté éprouvée à la manier. Cela ressemblait à de la pierre plutôt qu'à de la chair. Le corps de Julia donnait cette impression. Il sembla à Winston que la texture de sa peau devait être aussi tout à fait différente de ce qu'elle avait été. » (*Ibid.*, p. 408 et 409.)
13. Le terme « cyberpunk » aurait été employé la première fois par Bruce Bethke dans une nouvelle publiée par le magazine *Amazing Stories* en novembre 1984 (Shiner, p. 18). Ce terme a été popularisé par Gardner Dozois, journaliste au *Washington Post*, dans un article du 30 décembre 1984 intitulé *SF in the Eighties* (*ibid.*; Brown, p. 176).
14. « La maison, c'est BAMA, l'Étalement, l'axe métropolitain Boston-Atlanta. Si vous programmez une carte afin qu'elle

affiche la fréquence des échanges d'informations, chaque millier de mégaoctets étant représenté par un seul pixel sur un très large écran, alors Manhattan et Atlanta vont brûler d'un blanc solide. Et là, le tout se met à pulser, le trafic menaçant de surcharger la simulation. Votre carte est sur le point de devenir une étoile brillante. » (Gibson, 1984, p. 43.)

15. Dans une très courte nouvelle écrite pour l'anthologie *Cyberspace* de Michael Benedikt, William Gibson résume bien cette vision des choses : « La Rue déniche des caractéristiques nouvelles des choses – caractéristiques que n'avaient jamais prévues les manufacturiers. La mini-enregistreuse à cassettes, conçue à l'origine pour des cadres supérieurs pressés, devint le média révolutionnaire des magnedisdats, permettant la distribution clandestine de discours politiques censurés en Pologne et en Chine. Le "beeper" et le téléphone cellulaire sont devenus des outils économiques dans le marché illégal, et très compétitif, des drogues. D'autres artefacts technologiques sont aussi, étrangement, devenus des outils de communication… L'aérosol donne naissance aux graffiti urbains. Les rockeurs soviétiques pressent des disques maison à partir de vieux rayons X… » (Gibson, 1991, p. 29.)

16. À ce sujet, l'écrivain de science-fiction Bruce Sterling fait la réflexion suivante : « Dans l'avenir, les ordinateurs vont se transformer de façon radicale. Ils ne seront plus des objets intimidants, guirlandes de fibres, usines de production d'octets qui avalent le bureau en entier. Les ordinateurs se blottiront sous votre bras, dans votre valise, dans le sac à dos de votre enfant. Après cela, ils s'imbriqueront sur votre visage, ils se connecteront à votre oreille. Et après cela – ils fondront tout simplement. Ils deviendront tissus. Car de quoi un ordinateur a-t-il vraiment besoin ? Non pas de boîtes de verre, mais de fils – de fils électriques, de fibres optiques, d'antennes cellulaires et de microcircuits. Ces choses sont toutes essentiellement des choses tissées. Du tissu et de l'air et des électrons et de la lumière. Des mouchoirs magiques permettant un accès global instantané. Vous les porterez autour de votre cou. Vous en ferez des tentes si cela vous en dit. Ils seront partout, jetables. Comme du denim. Comme du papier. Comme un cerf-volant d'enfant. » (Sterling et Gibson, p. 1.)

17. « Imagine un extraterrestre, m'avait dit Fox, qui débarque ici un jour et qui doit identifier l'intelligence dominante de cette planète. L'extraterrestre jette un coup d'œil et il décide. Qu'est-ce que tu penses qu'il choisit ? J'avais probablement haussé les

épaules. Les Zaibatsus, m'avait dit Fox, les multinationales. Le sang des Zaibatsus, c'est l'information, pas les êtres humains. La structure qui est indépendante des individus qui la forment. La multinationale qui vit. » (Gibson, 1986a, p. 107.)

18. Csicsery-Ronay Jr., 1991, p. 186.
19. Comme le proposait Dawkins à propos des virus biologiques.
20. « Le cyborg est une créature dans un monde de l'après-sexualité ; le cyborg se refuse à la bisexualité, à la symbiose œdipienne, au travail non aliéné, ou à d'autres séductions de l'unification organique [...]. Au contraire du monstre de Frankenstein, le cyborg n'attend pas d'être sauvé par son père grâce à la restauration du Jardin, grâce à la fabrication d'une compagne hétérosexuelle, grâce à son achèvement en un tout ultime, une ville et un cosmos. Le cyborg ne rêve pas d'une communauté qui ressemble à la famille organique [...]. Le cyborg ne reconnaîtrait pas le jardin de l'Éden ; il n'est pas fait de terre et il ne peut rêver de redevenir poussière. » (Haraway, p. 150 et 151.)
21. Dans ce film de facture très cyberpunk (dans son illustration d'une société désynchronisée, ultracapitaliste et ultraviolente), le personnage principal est transformé en cyborg par une multinationale militaro-industrielle après qu'une attaque de trafiquants de drogues l'a laissé mutilé et agonisant. Sur cet homme sont alors greffées diverses prothèses qui font de lui une véritable machine.
22. Je propose de considérer l'*alien* comme un genre de cyborg. Cet être survit à des conditions climatiques particulièrement difficiles ; il possède de l'acide comme sang ; il possède de véritables emboîtements mécaniques (les systèmes de sa mâchoire) ; il n'a ni empathie ni compassion ; il (comme le cyborg de Haraway) n'est ni mâle ni femelle (sauf dans le cas de la reine) et cependant il est indéniablement vivant, car essentiellement organique. À ce propos, Philippe Ross écrit ce qui suit : « Pour Giger [créateur de l'*alien*] nous sommes, en effet, des êtres de chair mais notre corps possède des aspects profondément mécaniques (os, articulations mais aussi lunettes et autres accessoires) ; c'est ainsi que l'*alien* qu'il nous a créé est, à sa naissance, un être de chair visqueux et répugnant puis il devient un monstre gigantesque de métal au cerveau translucide et aux mâchoires d'acier. Ce mélange d'éléments mécaniques et physiques symbolisant parfaitement la dualité de l'être humain contemporain qui, composé de chair et d'os, vit dans un univers de métal froid et de machines "inhumaines". » (Ross, p. 123.)

23. Dans ce film étrange datant de la fin des années soixante-dix, un groupe de scientifiques, isolés dans une base en Arctique, sont attaqués par un extraterrestre des plus inquiétants. Cet extraterrestre possède la faculté, après avoir mangé ses victimes, de se transformer en la réplique parfaite de ces dernières (qualité remarquable qu'il utilise afin de pénétrer dans le regroupement de ses proies).
24. Binkley, p. 13 et 14.
25. Couchot, p. 147 a.

Conclusion

Les miracles cruels

> Quels accomplissements, quelles railleries, quelles tortures attendais-je encore ? Je l'ignorais, j'ignorais tout, et je persistais dans la foi que le temps des miracles cruels n'était pas révolu.
>
> Stanislas Lem

Il faut refaire notre histoire. Nous ne sommes plus seulement poussière d'étoiles, nous sommes aussi poussière d'idées.

Les êtres vivants que nous sommes sont faits d'univers multiples et stratifiés. En nous, depuis des millénaires, se mêlent, s'enchevêtrent et s'accouplent odeurs, sons et lumières ; en nous, depuis des millénaires, se dissolvent chimie, génétique et culture. Notre être, notre corps, notre conscience ne sont que des amalgames d'interactions sémiotiques qui se disséminent dans le temps et l'espace.

Nous sommes à la fois uniques et multiples, organiques et inorganiques, conscients et panthéistes. Nous sommes comme une vague sur l'océan, forme éphémère et instable, parfaitement visible, mais dont l'origine est incertaine, dont les frontières glissent continuellement, dont l'ontologie est inséparable des phénomènes dont elle émerge. En nous existent les temps et les espaces de milliers de réalités biologiques qui nous ont précédés et qui nous ont formés, déformés et reformés. Nous sommes fait de la culture de la biosphère. De cette dernière nous avons émergé.

Nous sommes faits du dialogue que cette planète entretient avec elle-même.

Mais ce dialogue, c'est nous qui, aujourd'hui, en sommes les producteurs. Tous les jours, nous créons de nouvelles couches culturelles et nous nous immergeons dans des océans de représentations. Aujourd'hui, corps, environnements et machines sont faits du dialogue que l'être humain entretient avec lui-même. Tous sont désormais poussière de culture humaine.

Déjà, la carte du génome humain nous offre la promesse d'un corps devenu culture et sur lequel (et dans lequel) la société humaine pourra se lire et s'exprimer. Déjà, la reprogénétique nous promet l'émergence d'êtres transformés en véritables œuvres d'art. Déjà, les clones, les animaux transgéniques, les drogués, les mères qui portent un fœtus au bagage génétique différent, les femmes empoisonnées par le silicone de leurs prothèses mammaires, les mutilés aux membres électroniques, les enfants aux yeux volés sont des exemples réels et actuels de corps devenus tableaux, de corps « peints » et « écrits » de culture. Nous sommes des golems sculptés de la glaise qu'est la culture.

Mais il ne s'agit pas simplement des êtres vivants. Tout autour de nous, l'environnement se transforme lui aussi en une œuvre humaine, puisque en lui maintenant s'immiscent nos représentations, nos corps, nos idées, nos machines, nos institutions. Depuis près de cinquante ans, divers chercheurs se sont penchés sur l'intelligence artificielle. D'autres ont récemment abordé la question de la vie artificielle et tous se sont contentés de succès limités. L'erreur de ces chercheurs n'est pas d'avoir cru en ces phénomènes, mais bien d'avoir regardé au mauvais endroit. Tout autour de nous émerge la vie artificielle, car cette dernière n'est pas uniquement un programme informatique reproduisant des dynamiques de l'évolution. La vie artificielle est aussi le corps devenu média, l'environnement saturé de traces humaines, la protection des espèces menacées, l'omniprésence de l'automobile. La vie artificielle est la vie qui se détache de la biologie ; elle est la réplication qui abandonne la génétique pour se centrer sur la culture. La vie artificielle est notre extrême dépendance à l'endroit de l'électricité, notre survie assurée par des médicaments et notre existence protégée et contrôlée par des technologies. Les machines qui scrutent le ciel et qui l'analysent, ces télescopes, satellites, fusées, sondes et antennes, ces machines qui nous plongent dans les instants premiers de l'univers et qui nous laissent entrevoir l'ombre diffuse de ce que certains appellent Dieu, ces machines qui créent une nouvelle métaphysique, voilà ce qu'est la vie artificielle. Voilà ce qu'est aussi l'intelligence artificielle.

L'intelligence artificielle n'est pas Deep Blue, mais bien tout l'historique, toute la culture, toute la vie de cette machine. L'intelligence artificielle n'est pas le système expert qui permet à un médecin de diagnostiquer avec précision la souffrance d'un patient. Elle est, à la fois et en même temps, le système, l'équipe qui l'a créé, le médecin et ses connaissances et tout l'environnement intelligent, intelligent biologiquement, mais aussi culturellement et technologiquement, qui entoure, contamine, nourrit et abreuve la biosphère et permet à de telles complexités d'émerger.

Comme nous l'avons vu, nombreux sont les penseurs qui ont déjà souligné ce phénomène (Pierre Lévy, Gregory Stock et Kevin Kelly…). Mais je veux aller plus loin que ces derniers ici et proposer qu'il ne s'agit pas simplement d'un collectif pensant (comme ces auteurs l'ont suggéré), mais bien d'un changement fondamental dans la matrice de la biosphère. C'est l'environnement au complet qui devient autre, non plus écosystème, mais bien *culture-système*, *intelligence-système.* Dans ce nouveau système fleurissent des entités étonnantes, étranges, faites d'idées, de danses, de gènes, de métal, de logiciels, de virus et de représentations.

Nous vivons maintenant dans un genre de soupe primordiale culturelle dans laquelle le vivant n'est plus simplement la biologie complexe, mais peut aussi être une idée, le vol d'un essaim, une publicité, un slogan, une théorie scientifique, un phénotype étendu, une maladie…

Tout autour de nous, en nous, par nous, à travers nous, s'infiltre la réplication culturelle. Il ne s'agit pas ici d'une transformation mineure de notre façon d'être et de notre façon de regarder le monde. Il s'agit d'une mutation radicale de notre environnement. La biosphère est saturée d'intelligence, une intelligence qui laisse des traces d'elle-même et qui féconde le monde qui l'entoure des signes les plus divers. L'intelligence contamine l'organique, le biologique et l'environnemental, et ce faisant, elle les propulse dans d'étranges directions évolutives. Nous changeons profondément, car tout autour de nous l'environnement est gavé de virus-signes, de virus-représentations, de virus-intelligence.

L'être humain n'existe plus et n'existera plus comme tel. Il est le dernier vestige de la représentation et il prendra du temps à s'estomper, mais, comme l'ont proposé les textes et les films que nous avons étudiés, il s'éclipsera inévitablement, devenant autre, plastique dans ses formes et dans ses existences, vivant dans plusieurs univers à la fois, tous présents en lui et par lui. L'être « humain » s'estompe. Nous voici face à l'émergence d'un être « pluriel », phénomènes de peau, d'idées, d'insectes, d'organes, de machines et de cultures.

Nous ne devenons pas des cyborgs, mais bien des dessins, des écrits, des chants, des danses. En nous sont enchevêtrés tous les phénomènes. Voilà ce qu'est le corps-culture.

~

Certains craignent cet état des choses et réagissent violemment à l'idée que notre forme et notre être soient sur leur déclin. Certains redoutent l'émergence d'un monde où l'étrange existera non seulement dans la science et ses technologies, mais aussi dans le corps, dans le génome et dans l'environnement. Je pense que cette peur est, en partie, justifiée. Nous entrons dans l'ère des miracles cruels, où nous serons entourés de phénomènes, d'expériences scientifiques et de résultats à la fois merveilleux et effrayants, *où nous serons nous-mêmes merveilleux et effrayants.* Mais il faudra s'y faire, car les glissements de ce que nous sommes habitués à voir et à reconnaître ne font que commencer. S'il nous semble difficile aujourd'hui de comprendre et de délimiter ce qu'est un clone, imaginons la difficulté que nous aurons à comprendre un clone inséminé artificiellement grâce à un ovule fécondé *in vitro* et à un spermatozoïde tirés d'une banque génétique. Imaginons combien il sera difficile de définir ce qu'est un enfant qui aura un bagage génétique différent de celui de la mère porteuse[1]. Comment accepterons-nous un être que la mère génétique n'a pas porté ? Comment vivrons-nous dans cette ère prochaine repue d'étrange, de merveilleux et d'effrayant ?

De nombreux dilemmes éthiques nous attendent, certains extrêmement graves et importants (où commencera et où finira ce que nous définirons comme humains, comme protégés par la loi et par le droit ? Jusqu'où nous permettrons-nous d'aller avant d'accorder à ce que nous créons et manipulons le droit de vivre ?). En fait, la question fondamentale que nous devons nous poser est la suivante : accepterons-nous d'existir dans un monde où nous devrons partager notre étant ? L'étant humain se multiplie, il se disperse, il lance ses racines vers d'innombrables nouveaux phénomènes. Ce que nous sommes, au plus profond de nous-mêmes, ce que nous considérons comme notre conscience, comme notre âme, cela est appelé à changer fondamentalement. Notre âme devient culture, elle s'échappe de l'attraction biologique, elle appartient désormais à une collectivité de signes, de chair, de machines et de corps. Comment vivrons-nous dans un monde où notre âme sera aussi celle des machines ?

Chaque être se métamorphose, non pas en cancrelat comme Gregor Samsa, mais bien en ruche. Chaque être se renouvelle en un océan de temps, d'espace et de vivants. Dans notre essence la plus profonde se glisse l'univers.

Note de la conclusion

1. « De toutes les expériences faisant intervenir des ovules immatures, la plus controversée, et certainement la plus répugnante, est celle qui touche les tissus ovariens. Des chercheurs ont tenté de transplanter des tissus ovariens de fœtus avortés ou d'enfants mort-nés à des femmes infertiles. Le tissu fœtal est très riche en ovules potentiels. Un fœtus de cinq mois possède des cellules pouvant produire jusqu'à 7 millions d'œufs, beaucoup plus que les 400 000 qui survivent à la puberté d'une femme. Certains chercheurs ont proposé de recourir à ce tissu afin de créer une banque d'ovules pour femmes infertiles. Utilisant des ovules provenant d'une telle banque, une femme pourrait donner naissance à un enfant qui ne possède rien de son bagage génétique, un enfant dont la mère biologique n'aurait, en fait, jamais existé. » (Grady, p. 31.)

Glossaire

Cyberespace. Ce terme (qui signifie espace navigable) est généralement utilisé pour désigner les environnements électroniques contemporains (Internet, bien sûr, mais aussi les systèmes de télécommunications en général comme les réseaux télévisuels, radiophoniques, satellites, etc.). Il s'applique aussi aux environnements visuels créés par les technologies et les systèmes de réalité virtuelle.

Cyberpunk. Le cyberpunk est un mouvement littéraire né au début des années quatre-vingt qui s'intéresse à la convergence entre hommes, machines et société. Les textes réunis sous cette étiquette sont généralement des œuvres de science-fiction dont l'action principale se déroule dans le cyberespace. William Gibson, Bruce Sterling, Neal Stephenson et Pat Cadigan sont quelques-uns de ses représentants les plus connus. Au cinéma, les films *Blade Runner*, *Robocop*, *Terminator*, *Matrix* sont généralement considérés comme cyberpunks.

Cyborg (de l'anglais *Cybernetic Organism*). Le cyborg est un être mi-machine, mi-humain. En lui coexistent biologie et technologie, les deux étant inséparables l'une de l'autre. Le commandant Data dans *Star Trek* est un bon exemple de cyborg, tout comme le Robocop de Paul Verhoeven ou le Terminator de James Cameron. Certains se demanderont pourquoi utiliser le terme anglais *cyborg* plutôt que celui, plus français, d'« androïde ». C'est que le mot « androïde » signifie « automate à forme humaine », ce qui ne rend pas justice au concept de l'organisme mi-machine, mi-humain.

Génome. Ensemble du « matériel » génétique d'un organisme donné, son patrimoine génétique.

Hacking. Action d'entrer illégalement dans diverses banques de données ou réseaux électroniques publics ou privés. Le terme français de « piratage » n'est pas tout à fait adéquat et il serait en fait plus juste de parler d'« abordage ».

Intelligence artificielle. Aire de recherche pluridisciplinaire qui intègre les sciences informatiques, neurologiques, philosophiques, psychologiques, robotiques et linguistiques. Le but est de réaliser des machines dont le fonctionnement s'apparente à celui du cerveau humain.

Mème. « Idée-virus ». Selon Richard Dawkins, une idée existe, se propage et se perpétue dans le temps et l'espace comme le fait un virus (en infectant un hôte et en obligeant ce dernier à la reproduire, puis à la disséminer).

Ontologie. Partie de la métaphysique qui étudie l'être en soi ou, plus exactement, l'être en tant qu'être. Elle peut se centrer sur le fait d'être ou d'exister, c'est-à-dire qu'elle examine soit la nature de l'existence, soit son essence (Foulquié).

Phénoménologie. Méthode philosophique qui, par la description des choses, se propose de découvrir les structures fondamentales de la conscience. En fait, en réduisant le monde aux processus de la conscience, elle cherche l'essence des choses et des hommes (Kunzmann).

Postmodernité. Il est quasiment impossible de définir la postmodernité, car il n'existe pas de consensus définitif par rapport à sa définition. Cependant, quelques grandes caractéristiques sont généralement acceptées par tous comme étant représentatives de la période :

1. L'absence de grands « récits » rassembleurs (comme la liberté, la religion, la famille, etc.) sur lesquels les individus peuvent fonder leur vie. La postmodernité voit plutôt le monde comme construit sur une multitude de petits « récits » (nouvel âge, vie extraterrestre, environnement, féminisme, technoculture, etc.) qui participent tous à la création d'une société fragmentée.
2. L'absence de réel. Il n'est plus possible de faire l'expérience d'un « vrai » réel. Tout est simulation, copie, à jamais reproductible et toujours sans origine : Disneyworld plutôt que la réalité de nos villes et de nos sociétés, un zoo plutôt qu'une forêt, une poupée gonflable plutôt qu'une relation sexuelle.
3. L'apesanteur. Nous vivons en apesanteur, car nos signes et nos référents ne correspondent plus les uns aux autres. Le signe « liberté », par exemple, n'a plus de véritables référents (d'actions concrètes) qui lui sont associés. Le signe « uniforme de camp de concentration » est un autre exemple de signe dépouillé de sens, puisqu'il est maintenant utilisé dans des défilés de mode.
4. Le « moi » est une construction. Le « moi » peut être transformé, modifié à volonté. Les jeux de rôle dans Internet en sont d'ailleurs un bon exemple.
5. L'emprunt est commun et il est légitime. Madonna qui s'habille en Marilyn Monroe, par exemple, ou encore toute la culture Internet. Mais l'emprunt se fait sans perspective historique.
6. La forme l'emporte sur le fond, car le fond (le sens) n'est qu'une construction de la forme. C'est-à-dire que la construction d'un texte est souvent aussi importante que son sens.

7. Il n'y a pas de bonnes ou de mauvaises œuvres d'art. Un disque (ou un livre) de troisième ordre s'adressant à un public peu éduqué possède la même valeur intrinsèque qu'un Van Gogh, l'un comme l'autre exprimant une réalité.
Bref, comme le dirait Yves Boisvert, la postmodernité « dit de manière instable l'instabilité ».

Reprogénétique. Convergence des sciences de la manipulation génétique et des techniques de procréation. La reprogénétique consiste dans la manipulation génétique d'un embryon (d'un ovule ou d'un spermatozoïde) à des fins médicales, humanitaires, esthétiques ou autres.

Technoculture. Ère dans laquelle nous vivons actuellement et dans le cadre de laquelle nous percevons la technologie comme l'idée ultime et suprême, c'est-à-dire ce par quoi tout se définit, se jauge et s'évalue. Selon Neil Postman, la technoculture (qu'il nomme technopole) « est un état de la culture. La technopole est un état d'esprit. Elle se légitimise par la technologie et est soumise à celle-ci. La technopole se définit en déifiant la technologie » (p. 71).

Transgénique. Se dit d'un être vivant à qui l'on a transféré un ou plusieurs gènes (généralement d'une autre espèce) et qui a donc subi une modification de son génome.

Vie artificielle. Science de la biologie synthétique, selon Christopher Langton (Kelly, p. 238). La vie artificielle s'attache à la création et à l'étude d'organismes « vivants » qui émergent dans les réseaux informatiques.

Bibliographie

Ascott, Roy (1990). « Is there love in the telematic embrace », *Art Journal*, automne, p. 241-247.

Ascott, Roy (1991). « Editorial, connectivity : Art and interactive telecommunications », *Leonardo*, vol. 24, n° 2, p. 115-117.

Augé, Marc (1992). *Non-lieux. Introduction à une anthropologie de la surmodernité*, Paris, Seuil, 149 p.

Baird, Wilhelmina (1993). *Crashcourse*, New York, Ace Books, 277 p.

Baudrillard, Jean (1976). *L'Échange symbolique et la Mort*, Paris, Gallimard, 347 p.

Baudrillard, Jean (1981). *Simulacres et Simulation*, Paris, Éditions Galilée, 236 p.

Benedikt, Michael (1992). *Cyberspace First Steps*, Cambridge, MIT Press, 436 p.

Binkley, Timothy (1990). « Digital Dilemmas », *Leonardo*, p. 13-19.

Boisvert, Yves (1995). *Le Postmodernisme*, Montréal, Boréal, coll. « Boréal express », 122 p.

Breton, Philippe (1995). *À l'image de l'homme. Du golem aux créatures virtuelles*, Paris, Seuil, 187 p.

Brin, David (1989). « Metaphorical drive », dans George E. Slusser et Eric S. Rabkin, *Mindscapes. The Geographies of Imagined Worlds*, Carbondale, Southern Illinois University Press.

Bukatman, Scott (1993). *Terminal Identity. The Virtual Subject in Postmodern Science Fiction*, Durham, Duke University Press, 393 p.

BULL, Emma (1991). *Bone Dance*, New York, Ace Books, 278 p.

BUTLER, Samuel (1872). *Erewhon*, New York, A Signet Classic, 240 p.

CADIGAN, Pat (1987). *Mindplayers*, New York, Bantam Books, 276 p.

CADIGAN, Pat (1991). *Synners*, New York, Bantam Books, 435 p.

CHAMBAT, Pierre, et Pierre LÉVY (comp.) (1991). *Les Nouveaux Outils du savoir*, textes réunis par Pierre Chambat et Pierre Lévy, Paris, Éditions Descartes, coll. « Université d'été », 274 p.

CHIRPAZ, François (1988). *Le Corps*, Paris, Éditions Klincksieck, 121 p.

COUCHOT, Edmond. « La mosaïque ordonnée », *Communications*, n° 48.

CRONIN, Helena (1997-1998). « The evolution of evolution », *Time*, hiver, p. 68-73.

CSICSERY-RONAY JR., Istvan (1991). « Cyberpunk and neuromanticism », dans Larry McCaffery, *Storming the Reality Studio : A Casebook of Cyberpunk and Postmodern Science Fiction*, Durham, Duke University Press.

CSICSERY-RONAY JR., Istvan (1992). « Futuristic flu : The revenge of the futur », dans George E. Slusser et Tom Shippey (dir.), *Fiction 2000. Cyberpunk and the Future of Narrative*, Athens (Ga.), The University of Georgia Press.

DAMASIO, Antonio R. (1995). *L'Erreur de Descartes, la raison des émotions*, Paris, Odile Jacob, 368 p.

DAVIES, Charlotte (1991). « Natural Artifice », dans *Virtual Seminar on the Bioapparatus*, Banff, The Banff Centre for the Arts, p. 16.

DAWKINS, Richard (1976). *The Selfish Gene*, Oxford, Oxford University Press, 352 p.

DAWKINS, Richard (1995). *River Out of Eden*, New York, HarperCollins, 172 p.

DELEUZE, Gilles, et Félix GUATTARI (1975). *Kafka. Pour une littérature mineure*, Paris, Minuit, 159 p.

DELEUZE, Gilles, et Félix GUATTARI (1980). *Mille plateaux*, Paris, Minuit, 645 p.

DENNETT, Daniel C. (1996). *Kinds of Minds*, Science Masters, BasicBooks, HarperCollins, 184 p.

DERY, Mark (1995). *Escape Velocity. Cyberculture at the End of the Century*, New York, Grove Press, 376 p.

DICK, Philip K. (1968). *Blade Runner*, New York, Ballantine Books, 216 p.

FOULQUIÉ, Paul (1982). *Dictionnaire de la langue philosophique*, Paris, PUF, 776 p.

FRANKLIN, Ursula (1992). *The Real World of Technology*, Concord, House of Anansi Press, 132 p.

GARRETT, Laurie (1994). *The Coming Plague. Newly Emerging Diseases in a World Out of Balance*, New York, Farrar, Straus and Giroux, 750 p.

GIBSON, William (1984). *Neuromancer*, New York, Ace Books, 271 p.

GIBSON, William (1986a). *Burning Chrome*, New York, Ace Books, 191 p.

GIBSON, William (1986b). *Count Zero*, New York, Ace Books, 246 p.

GIBSON, William (1988a). *Mona Lisa Overdrive*, New York, Bantam Books.

GIBSON, William (1988b). *Neuromancien*, trad. de Jean Bonnefoy, Paris, J'ai lu, 320 p.

GIBSON, William (1991). « Academy Leader », dans Michael Benedikt, *Cyberspace First Steps*, Cambridge, MIT Press, p. 27-30.

GOULD, Stephen Jay (1989). *Wonderful Life*, New York, W. W. Norton & Company, 1989, 347 p.

GRADY, Denise (1996). « How to coax new life », *Time Magazine*, vol. 148, n° 20, automne, p. 28-31.

HARAWAY, Donna (1991). *Simians, Cyborgs, and Women. The Reinvention of Nature*, New York, Routledge, 287 p.

HOFFMEYER, Jesper (1993). *Signs of Meaning in the Universe*, trad. de Barbara J. Haveland, Indiana University Press, 165 p.

HOLLINGER, Veronica (1990). « Cybernetic deconstructions : Cyberpunk and postmodernism », *Mosaic. A Journal of the Interdisciplinary Study of Literature*, vol. 23, n° 2, printemps, p. 29-44.

KAFKA, Franz (1948). *La Colonie pénitentiaire et autres récits*, Paris, Gallimard, 189 p.

KAFKA, Franz (1955). *La Métamorphose*, Paris, Gallimard, 189 p.

KASPAROV, Gary (1996). « The day that I sensed a new kind of intelligence », *Time Magazine*, vol. 147, n° 14, avril, p. 57.

KELLY, Kevin (1994). *Out of Control. The New Biology of Machines, Social Systems and the Economic World*, Readings (Mass.), Addison-Wesley, 521 p.

KERCKHOVE, Derrick de (1991). *Brainframes*, Amsterdam, Bosch & Keuning, BSO/Origin, 169 p.

KROKER, Arthur, et Marilouise KROKER (1987). « Theses on the disappearing body in the hyper-modern condition », *Body Digest : Canadian Journal of Political and Social Theory*, vol. 11, nos 1-2, p. I-XV.

KURZWEIL, Raymond (1990). *The Age of Intelligent Machines*, Cambridge, MIT Press, 565 p.

LASN, Kalle (1995). « Wired flesh. An interview with Arthur Kroker », *Adbusters*, vol. 3, n° 4, été, p. 35-40.

LEM, Stanislas (1966). *Solaris*, Paris, Denoël, 250 p.

LEVY, Steven (1992). *Artificial Life*, New York, Vintage Books et Random House, 390 p.

LÉVY, Pierre (1990). *Les Technologies de l'intelligence. L'avenir de la pensée à l'ère informatique*, Paris, La Découverte, 233 p.

LÉVY, Pierre (1991). « Le cosmos pense en nous », dans Pierre Chambat et Pierre Lévy (comp.), *Les Nouveaux Outils du savoir*, Paris, Éditions Descartes, coll. « Université d'été », p. 255-274.

LIPOVETSKY, Gilles (1983). *L'Ère du vide*, Paris, Gallimard, 328 p.

LUGER, George F., et William A. STUBBLEFIELD (1993). *Artificial Intelligence, Structures and Strategies for Complex Problem Solving*, Redwood City (Calif.), Benjamin-Cummings Publishing Company, 740 p.

MCCAFFERY, Larry (dir.) (1991). *Storming the Reality Studio : A Casebook of Cyberpunk and Postmodern Science Fiction*, Durham, Duke University Press, 387 p.

MALINA, Roger (1990). « Digital image – digital cinema : the work of art in the age of post-mechanical reproduction », *Leonardo*, p. 33-38.

MALINA, Roger (1995). « La rencontre de l'art et de la science », dans Louise Poissant (dir.), *Esthétique des arts médiatiques*, t. II, Montréal, Presses de l'Université du Québec, p. 39-48.

MANDELBROT, Benoît B. (1989). « Fractals and an art for the sake of science », *Leonardo*, p. 21-24.

MARANTZ-HENIG, Robin (1994). *A Dancing Matrix*, New York, Vintage Books, 269 p.

MATTELART, Armand (1996). « Les enjeux de la globalisation des réseaux », *Le Monde diplomatique*, octobre, p. 10-13.

MINSKY, Marvin (1994). « Laisserons-nous la terre à des robots ? », *Pour la Science*, n° 206, décembre, p. 120-126.

ONG, Walter J. (1982). *The Technologizing of the Word*, Londres, Methuen, 201 p.

ORWELL, George (1950). *1984*, Paris, Gallimard, 439 p.

POISSANT, Louise (dir.) (1995). *Esthétique des arts médiatiques*, t. II, Montréal, Presses de l'Université du Québec, 475 p.

POSTMAN, Neil (1993). *Technopoly: The Surrender of Culture to Technology*, New York, Vintage Books, 222 p.

PRESTON, Richard (1995). *Virus*, trad. par Claude Dunlin, Paris, Plon, 342 p.

QUÉAU, Philippe (1986). *Éloge de la simulation*, Seyssel (Fr.), Champ Vallon, coll. « Milieux », 257 p.
QUÉAU, Philippe (1993). *Le Virtuel. Virtus et Vertiges*, Seyssel (Fr.), Champ Vallon, coll. « Milieux », 215 p.
QUÉAU, Philippe (1997). « La galaxie Cyber », *Le Monde de l'éducation, de la culture et de la formation*, n° 247, avril, p. 20-21.
REGARD, Frédéric (1994). *1984 de George Orwell*, Paris, Gallimard, 151 p.
ROSS, Philippe (1979). « *Alien* – le 8e passager », *La Revue du cinéma*, n° 344, novembre, p. 123-124.
SAWDAY, Jonathan (1995). *The Body Emblazoned Dissection and the Human Body in Renaissance Culture*, Londres, Routledge, 327 p.
SCHOELLER, Guy (1960). *Dictionnaire des personnages*, Paris, Robert Laffont, 1040 p.
SCHRAGE, Michael (1995). « Revolutionary evolutionist », *Wired 3.07*, juillet, p. 120-124, 172-173, 184-185.
SHINER, Lewis (1992). « Inside the movement : past, present and future », dans George E. Slusser et Tom Shippey (dir.), *Fiction 2000. Cyberpunk and the Future of Narrative*, Athens (Ga.), The University of Georgia Press.
SHLAIN, Leonard (1991). *Art and Physics : Parallel Visions in Space, Time and Light*, New York, Morrow, 480 p.
SILVER, Lee (1997). *Remaking Eden*, New York, Avon Books, 317 p.
SLUSSER, George E., et Eric S. RABKIN (dir.) (1987). *Aliens. The Anthropology of Science Fiction*, Carbondale, Southern Illinois University Press, 242 p.
SLUSSER, George E., et Eric S. RABKIN (dir.) (1989). *Mindscapes. The Geographies of Imagined Worlds*, Carbondale, Southern Illinois University Press, 302 p.
SLUSSER, George E., et Tom SHIPPEY (dir.) (1992). *Fiction 2000. Cyberpunk and the Future of Narrative*, Athens (Ga.), The University of Georgia Press, 303 p.

STEINER, George (1989). *Real Presences*, Chicago, The University of Chicago Press, 236 p.

STERLING, Bruce (1986). *Mirrorshades: The Cyberpunk Anthology*, New York, Ace Books, 239 p.

STERLING, Bruce (1993). « Follow your weird », *Whole Earth Review*, n° 79, été, p. 22-30.

STERLING, Bruce (1996). *Holy Fire*, New York, Bantam Books, 358 p.

STERLING, Bruce, et William GIBSON (1993). *Speeches on Education and Technology Given at a Convocation at the National Academy of Sciences*, From Sci. Virtual-Worlds Newsgroup, 10 mai.

STOCK, Gregory (1993). *Metaman. The Merging of Human and Machines into a Global Superorganism*, Toronto, Doubleday, 365 p.

THIÉBAULT, Claude (1991). *La Métamorphose et autres récits*, Paris, Gallimard, 251 p.

TURKLE, Sherry (1995). *Life on the Screen*, New York, Simon and Schuster, 347 p.

VAJK, Peter J. (1989). *Memetics: The Nascent Science of Ideas and Their Transmission*, texte présenté au Outlook Club, Berkeley (Calif.), 19 janvier.

VIRILIO, Paul (1996a). *Cybermonde, la politique du pire*, Paris, Textuel, 108 p.

VIRILIO, Paul (1996b). « Dangers, périls et menaces », *Le Monde diplomatique*, octobre, p. 54-56.

WALDROP, Mitchell (1990). « Can computer think? », dans Raymond Kurzweil, *The Age of Intelligent Machines*, Cambridge, MIT Press.

WELLS, Herbert George (1959). *La Machine à explorer le temps*, suivi de *L'Île du docteur Moreau*, Paris, Mercure de France, 380 p.

WRIGHT, Robert (1996). « Can machines think? », *Time Magazine*, vol. 147, n° 14, avril, p. 50-58.

Table

Introduction 11
Chapitre premier – Le cratère du Yucatán 15
Origine: la condition intelligente 15
Nouvelles lectures 20
La réalité technologique 20
La biologie culturelle....................... 29
Le désir de la culture....................... 37
L'idée vivante............................... 40
La conscience du cyberespace................. 49
La technologie-environnement................. 54
L'être virtuel 57
Tristesse de la machine 59
Chapitre II – Plus ou moins vivant 73
Le virus 73
L'osmose vivant/technologie.................. 83
L'écologie cognitive......................... 84
Metaman 86
Identité et réseaux 87
Chapitre III – Présences du corps-culture 97
La plasticité des corps: Wells, Kafka, Orwell . 97
Le corps plastique du docteur Moreau......... 99
Kafka, la machine-métamorphose.............. 105
«Nous sommes des morts» 112
Les cyberpunks: terroristes du corps 121
Nouveau modèle du corps.................... 129
Monstres, cyborgs et extraterrestres........ 131
Conclusion – Les miracles cruels............ 155
Glossaire................................... 163
Bibliographie 167

Cet ouvrage composé en Minion corps 12 sur 14
a été achevé d'imprimer
en février deux mille
sur les presses de Transcontinental
Division Imprimerie Gagné
à Louiseville
pour le compte de
VLB éditeur.

Imprimé au Québec (Canada)